金属氢化物热力学与动力学

李 谦 罗 群 编著

U0257593

上海大学出版社

图书在版编目(CIP)数据

金属氢化物热力学与动力学/李谦,罗群编著.
—上海:上海大学出版社,2021.12
ISBN 978 - 7 - 5671 - 4401 - 9

Ⅰ.①金… Ⅱ.①李…②罗… Ⅲ.①金属-氢化物-
热力学-研究②金属-氢化物-动力学-研究 Ⅳ.①O613.2

中国版本图书馆 CIP 数据核字(2021)第 254365 号

责任编辑 黄晓彦 方守狮
封面设计 缪炎栩
技术编辑 金 鑫 钱宇坤

金属氢化物热力学与动力学
李谦 罗群 编著
上海大学出版社出版发行
(上海市上大路 99 号 邮政编码 200444)
(http://www.shupress.cn 发行热线 021 - 66135112)
出版人:戴骏豪
*
江苏句容排印厂印刷 各地新华书店经销
开本 710mm×1000mm 1/16 印张 11.25 字数 215 000
2021 年 12 月第 1 版 2021 年 12 月第 1 次印刷
ISBN 978 - 7 - 5671 - 4401 - 9/O·70 定价:58.00 元

序

　　氢能的燃烧值高且无污染,是人类社会摆脱化石能源依赖的理想新型能源。从认识到氢气可以燃烧至今,已经过去了 200 多年,但因其研究进展缓慢,造成氢能在当今社会能源体系中占比仍较低。随着化石能源危机,许多国家和地区越来越重视氢能的研究、开发与利用。氢能产业链包括制氢、储运、加氢及氢能应用等方面,但由于氢气易燃易爆难液化,能否妥善解决氢能的高密度储存和安全运输就成为制约氢能广泛应用的瓶颈问题。基于储氢材料的固态储氢技术具有体积储氢密度高、储存压力低、释氢纯度高、安全性好、使用寿命长等特点,而其中的金属储氢材料的储氢能力很强,单位体积储氢的密度是相同温度、压力条件下气态氢的 1 000倍,即相当于储存了 1 000 个大气压的高压氢气,是氢能燃料电池的理想氢源。

　　由上海大学李谦教授、罗群副研究员编撰的《金属氢化物热力学与动力学》教材,是在作者 10 余年的相关研究和课程讲义基础上组织编写的。教材共 5 章,包括金属氢化物的结构与热力学性质、金属氢化物的吸放氢反应动力学、储氢合金的分类和性能、储氢合金及其氢化物的制备方法和储氢合金及其氢化物的应用。教材内容注重理论与实践相结合,教学与科研相结合,把比较抽象的反应热力学和动力学理论知识与氢能产业的实际过程密切结合,并结合了国内外固态储氢理论和技术的最新发展。在教材编写体例上,有利于读者阅读本书时清晰掌握篇章布局、每章内容和知识结构,对每章的重点和难点均一目了然;也有益于提高读者的学习兴趣和学习主动性。在例题和习题安排上,每章重要内容均有相应例题和习题,有利于学生学习、理解和掌握。

　　本教材注重培养学生分析问题、解决问题的能力以及创新性思维,充分体现了以学生学习为本,从学生的角度思考问题,从学生的立场解决问题。教材内容涉及面广、丰富翔实,汇集了氢气储存、输运及应用方面的较完整的知识体系和重要信息,可成为氢能技术领域的一本重要参考书。相信该书对新能源领域的科学研究人员、新能源专业的教师及学生、氢能领域的企业家、工程技术人员和投资人都有所裨益。

中国科学院院士　　　　　　　　　　
北京科技大学教授　周国治

2021 年 10 月 30 日

前　言

众所周知,氢能是具有巨大发展潜力的清洁能源,也是实现"双碳"目标的重要抓手。氢能作为一种来源广泛、清洁灵活、应用场景丰富的二次能源,在化工、交通、能源电力、建筑等领域均有应用。氢的利用主要包括氢的生产、储存和运输、应用等方面,而氢的储存是其中的关键。储氢方式按照物理形态可分为气态储氢(气瓶压缩储氢、地质储氢)、液态储氢(低温液态储氢、有机液态储氢)和固态储氢(固体材料储氢)。其中固态储氢相比其他储氢方式,单位体积储氢密度大、安全性好。从固体储氢材料的实际应用方面来讲,金属储氢材料目前是极具有应用优势的,因为该类材料的储氢密度高,制备技术与工艺相当成熟,并且具有安全、运输方便、易于储存的特点。

金属氢化物储氢是目前最有希望且发展较快的固态储氢方式,但目前的技术手段包括科研进展等方面还不是很成熟,大部分工作主要是开发新材料或者单一地对原材料进行一些小的改进,对一些金属储氢材料的理论研究以及储氢机理等方面研究还不够深,这也是我们实现其规模化应用所必须克服的困难。为了便于从事储氢材料的教学、研究、开发、生产和应用的广大科技工作者更加系统而全面地掌握储氢材料的体系、科学内涵、生产技术及应用现状,作者编著了本书,以飨读者。

全书共有5章,第1章主要介绍氢在金属中的存在状态和氢化物的结构与热力学稳定性。第2章重点介绍一些基本的吸放氢反应动力学模型,讨论这些模型的一般性分析方法及应用。第3章对储氢合金进行分类和性能改性研究,针对几种典型的储氢合金的热力学性质和动力学性能调控进行介绍。第4章主要介绍金属氢化物的制备方法、原理、工艺流程和注意事项,以说明制备方法对合金储氢性能的影响。第5章针对储氢合金及其金属氢化物在镍氢电池、气固态储氢、催化剂和传感器等其他新兴领域的应用现状及前景进行介绍。

本书由上海大学本科教材建设项目资助,在此谨表谢意。

限于作者水平,书中难免存在疏漏与不足,恳请同行专家和读者批评指正。

编　者

2021年10月

目　　录

第 1 章　金属氢化物的结构与热力学性质

固态储氢是利用固体材料对氢气的物理吸附或化学反应作用,将氢储存于固体材料中。固态储氢相对于高压气态和液态储氢,具有体积储氢密度高、工作压力低、安全性能好等优势。对于金属储氢材料,氢分子先在其表面分解为氢原子,氢原子再扩散进入材料晶格内部间隙中,形成金属氢化物。很多金属能与氢反应生成氢化物,其反应特性与金属的晶体结构及元素种类相关。金属能存储多少氢由氢化物的结构决定,氢在金属中的化学性质取决于金属与氢原子的电负性;氢可失去其仅有的一个电子而变成正氢离子;也可获得一个电子而变成负氢离子。金属与氢反应热力学上受温度、氢压影响,温度升高时,与金属相平衡的氢压也随之升高,如果此时外界氢压低于平衡氢压则无法继续吸氢。金属与氢的反应热大小与金属的结构类型有关。由此可见,金属及其氢化物的结构和热力学性质是金属储氢的基础,要研究储氢合金的设计和氢化反应机理,需要先弄清楚金属的结构与氢原子占位、氢化物类型、氢化物稳定性之间的关系。本章主要介绍氢在金属中的存在状态和氢化物的结构与热力学稳定性,阐述金属-氢相图的构建原理和几种典型的金属-氢相图,演绎基于热力学计算的氢压-成分-温度性质预测,最后结合实例说明金属-氢相图在储氢合金设计中的应用。

1.1　氢在金属中的存在状态与氢化物的分类

1.1.1　氢在金属中的存在状态

金属与氢反应后主要以两种形式存在,一是氢固溶于金属中的间隙位置形成固溶体,二是氢与金属形成金属氢化物。氢原子半径小,且扩散速率快,使得金属与氢接触后,氢原子往往先占据金属晶格中的间隙位置。增大氢压,更多的氢原子进入金属,而金属的间隙位置可容纳的氢原子数量有一定限度,这个限度对应的氢浓度值即氢在该金属中的饱和固溶度。当氢含量超过金属中氢的饱和固溶度时,就会形成与原始金属特性不同的金属氢化物。

常见的简单金属结构类型有面心立方(Fcc)、体心立方(Bcc)和密排六方

(Hcp)，各种结构中包含的间隙位置数列于表1-1中。图1-1给出了面心立方晶格和体心立方晶格中八面体和四面体间隙位置的示意图。氢的位置与金属原子半径相关，而同一结构中，八面体间隙位置比四面体间隙位置空间大。所以，对于原子半径小的金属（Ni、Cr、Mn、Pd和Ti等），氢主要进入其八面体间隙位置；而原子半径大的金属（Zr、Sc和RE等），氢可以进入四面体间隙位置[1]。例如，Pd具有面心结构，氢原子进入其八面体间隙位置，当氢达到饱和时，形成NaCl型结构的PdH；高温下Zr为体心结构，氢主要占据其四面体间隙位置。实验上，氢在金属中的具体位置可以通过中子散射来测定。

在一些金属中，氢原子可以同时占据多个间隙位置，而具体氢占位的比例与温度和氢压相关。如$RENi_5$为$hP6-CaCu_5$，其形成的氢化物β、γ和δ对应于氢在$P6/mmm$空间群的$3f$、$6m$和$4h$间隙位置[2]。在150℃时$6m$位置的占位率为9%，而室温时降至6%[3]。在低氢浓度时，氢原子主要占据$3f$位置，对应于$LaNi_5H_3$；而高氢浓度时主要占据$6m$位置[4]，对应于$LaNi_5H_9$。但是，相邻$6m$位置的间距是1.6 Å[5]，小于目前报道的氢原子之间最小间距2.1 Å[6]。根据堆垛效应，相邻的$6m$位置无法同时被氢占据。

表1-1　金属结构中的间隙位置和对应的间隙位置数

晶体结构 间隙位置	面心立方 （Fcc）	体心立方 （Bcc）	密排六方 （Hcp）
八面体间隙（O）	1	3	1
四面体间隙（T）	2	6	2

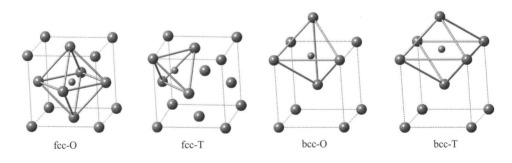

fcc-O　　　　　fcc-T　　　　　bcc-O　　　　　bcc-T

图1-1　面心立方（Fcc）和体心立方（Bcc）中的八面体间隙（O）和四面体间隙位置（T）

1.1.2 氢化物的分类

氢化物的类型与金属元素电负性相关。元素的电负性是原子在化合物中吸引电子的能力标度，电负性越大，表示原子在化合物中吸引电子的能力越强。根据氢化物中元素与氢的状态，氢化物可以分为离子型、金属型和共价型。

1. 离子型氢化物

离子型氢化物也称盐型氢化物，主要由氢和元素周期表中 IA 碱金属、IIA 碱土金属组成。IA 碱金属和 IIA 碱土金属电负性低，可将电子转移给氢，形成离子键。电正性较强的镧系和锕系稀土元素等，其氢化物也有离子型氢化物的结构和特性。常见的离子型氢化物有 LiH、NaH、KH、CaH_2、BaH_2 和 LaH_2 等。这类氢化物通常生成热较高，熔点和沸点高，且化学性质活泼。离子型氢化物中氢以 H^- 形式存在，具有强烈失电子趋势，是强还原剂，在水溶液中与水剧烈反应放出氢气，使溶液呈强碱性。

2. 碱金属氢化物

碱金属氢化物为两个面心立方晶格相错地重叠在一起的 NaCl 型结构，如 LiH 的晶体结构见图 1-2(a)，属于空间群 $Fm-3m$，晶格常数为 $a=4.083\,2$ Å。碱土金属 Ca、Sr 和 Ba 等的氢化物为正交晶系，具有 $PbCl_2$ 型结构，空间群为 $Pnma$。镁虽然是碱土金属，但其氢化物为共价型。CaH_2 中一个钙原子占据 $4c$ (0.239 3, 1/4, 0.404 5) 位置，两个氢原子占据另外两个 $4c$ 位置 (0.022 7, 1/4, 0.662 1) 和 (0.142 5, 1/4, 0.074 5)，每个 Ca 原子与 9 个氢离子配位。CaH_2 的晶体结构图如图 1-2(b)，SrH_2 和 BaH_2 的晶体结构与 CaH_2 相同。稀土金属通常形成二氢化物和三氢化物，氢从金属中得到电子后以阴离子形式存在。稀土的二氢化物为 CaF_2 萤石型结构，而随着氢压的增大或继续加氢，有超过 REH_2 比例的氢固溶于面心立方晶格的八面体间隙位置，形成比例在 $REH_{2\sim3}$ 的氢化物。在 La、Ce、Pr、Nd 的氢化物中，可在不改变金属晶格结构的情况下使氢占满八面体位置，形成比例接近 REH_3 的氢化物，为 BiF_3 型结构。通常，BiF_3 型稀土氢化物比稀土二氢化物的晶胞体系要小，这是因为二氢化物中电子隔开稀土离子与氢离子，而形成三氢化物时，失去电子层，体积收缩[1]。Nd-H 体系中的 NdH_2 为 Fcc 结构[7]，$Fm-3m$ 为空间群，其中氢几乎完全占据四面体间隙位置并部分占据八面体间隙位置。当氢与稀土原子比大于 2∶1 时，Nd、Sm、Gd、Tb、Dy 和 Y 的氢化物中出现六方晶系氢化物。$NdH_{2.7}$ 为六方结构，实验测定 $NdH_{2.7}(Hcp) \rightarrow NdH_{2.7}(Fcc)$ 转变发生在 275℃[8]，反应熵为 6.7 kJ/mol。常见稀土氢化物的晶体结构列在表 1-2 中。

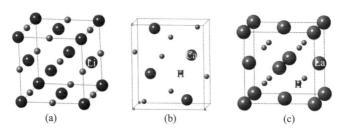

图 1-2　几种氢化物的晶体结构图：(a) LiH，(b) CaH₂，(c) LaH₂

表 1-2　常见稀土氢化物的晶体结构

稀土氢化物	结构原型	空间群	晶格参数（Å）		
			a	b	c
LaH_2	CaF_2	$Fm-3m$	5.667	/	/
$LaH_{2.78}$	BiF_3	$Fm-3m$	5.619	/	/
CeH_2	CaF_2	$Fm-3m$	5.572	/	/
CeH_3	BiF_3	$Fm-3m$	5.558	/	/
PrH_2	CaF_2	$Fm-3m$	5.515	/	/
PrH_3	BiF_3	$Fm-3m$	5.548	/	/
NdH_2	CaF_2	$Fm-3m$	5.469	/	/
$NdH_{2.5}$	BiF_3	$Fm-3m$	5.431	/	/
NdH_3	HoH_3	$P-3c1$	6.663	/	6.885
SmH_2	CaF_2	$Fm-3m$	5.392	/	/
SmH_3	BiF_3	$Fm-3m$	5.370	/	/
SmH_3	HoH_3	$P-3c1$	6.567	/	6.801
SmH_3	/	$P63/mmc$	3.770	/	6.770
GdH_2	CaF_2	$Fm-3m$	5.303	/	/
GdH_3	BiF_3	$Fm-3m$	5.360	/	/
GdH_3	HoH_3	$P-3c1$	6.466	/	6.717
GdH_3	Na_3As	$P63/mmc$	3.750	/	6.690
YH_2	CaF_2	$Fm-3m$	5.203	/	/
$YH_{2.19}$	BiF_3	$Fm-3m$	5.200	/	/
YH_3	HoH_3	$P-3c1$	6.359	/	6.607
YH_3	/	$P63/mmc$	3.670	/	6.620

　　金属型氢化物主要有 IIB-VB 过渡族金属与氢反应而成，氢的特性介于 H^+ 与 H^- 之间，氢原子进入金属并占据间隙位置，晶体结构与母金属差别不大。因此，

这类氢化物中氢的含量没有固定值，通常存在一个范围（MH_x，$x<3$，M 表示氢化物形成金属元素）。Ti、Zr 和 Hf 等氢化相存在很大的成分范围，包括四方晶系的 $TiH_{0.85\sim1}$、$ZrH_{1.74\sim2}$ 和 $HfH_{1.7\sim2}$，立方晶系的 TiH_2、$ZrH_{1.65}$ 和 $VH_{1.45\sim2}$。表 1-3 给出了常见的过渡金属氢化物的晶体结构参数。氢进入间隙位置后，金属晶格膨胀，导致氢化物的密度小于原金属密度。当氢压足够大时，Ti 和 Zr 等 IIB-IVB 族金属与氢通常生成 MH_2 间隙氢化物，如 TiH_2 和 ZrH_2；V、Nb 和 Ta 等 VB 族金属与氢形成非定化学计量比氢化物 MH_x；氢在 Cr、Mn、Fe 和 Ni 等 VIB-VIIIB 族金属中的固溶度相对于 Ti、Zr 和 V、Nb 小得多。过渡族金属与氢形成的氢化物容易实现可逆，加热或降低外界氢压，氢迅速放出。金属型氢化物基本上保留着金属的外观特征，有金属光泽，具有导电性，且导电性随氢含量的增多而降低。

共价型氢化物原子间电负性差小，元素与氢形成共价键。这些氢化物具有分子型晶格，熔点和沸点低，不导电。常见的有 B_2H_6、AlH_3、烷烃 C_nH_{2n+2}、烯烃 C_nH_{2n} 和卤化氢等。IIA 族的 Be 和 Mg 与氢也生成共价型氢化物，其中 MgH_2 的储氢量大，被人们视为潜在可应用的储氢材料。纯镁吸放氢温度高、速度慢，因此，研究者采用合金化、纳米化等方式来改善其吸放氢热力学和动力学特性。图 1-3 给出了 AlH_3 和 MgH_2 的晶体结构示意图。

表 1-3　常见的过渡金属氢化物晶体结构

稀土氢化物	结构原型	空间群	晶格参数（Å）		
			a	b	c
$TiH_{0.85}$	ThH_2	$I4/mmm$	4.208	/	4.613
TiH_2	CaF_2	$Fm-3m$	4.448	/	/
ZrH_2	ThH_2	$I4/mmm$	3.503	/	4.453
$ZrH_{1.65}$	CaF_2	$Fm-3m$	4.785	/	/
VH_2	CaF_2	$Fm-3m$	4.275	/	/
NbH_2	CaF_2	$Fm-3m$	4.562	/	/

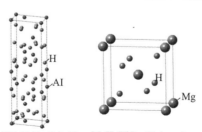

$AlH_3(FeF_3, R\text{-}3ch)$　　$MgH_2(TiO_2, P4_2/mnm)$

图 1-3　AlH_3 和 MgH_2 的结构示意图

1.1.3 氢化物的物理性质

金属转变成氢化物后体积发生变化,碱土金属 Li 和 Ca 的氢化物密度比原始金属密度大,而稀土元素如 La、Ce 和 Y 等的氢化物密度要小于原金属密度。过渡金属吸氢后往往发生晶格膨胀,造成密度变小。氢化物的熔点较高,大部分情况下还未熔化就已经发生分解,分解为氢含量较低的氢化物或金属以及氢气。各种金属氢化物的密度和熔点列于表 1-4。

表 1-4 金属及其氢化物的密度和熔点

金属	密度（g/cm³）	氢化物	密度（g/cm³）	熔点（常压下,℃）
Li	0.534	LiH	0.78	686.4
Ca	1.55	CaH₂	1.9	1 000 以上
La	6.19	LaH₂	5.14	1 124 分解
Ce	6.9	CeH₂	5.43	1 000 以上
Y	4.47	YH₂	4.41	1 000 以上
Mg	1.74	MgH₂	1.44	287 分解
Pd	12.02	PdH	10.97	140 分解
V	6.11	VH₂	4.51	258 分解

离子型氢化物和金属型氢化物(少数几种稀土氢化物除外)都可以导电。离子氢化物是离子形成的导体,如将熔融的 LiH 电解,则氢离子向阳极移动,并在阳极变成氢气。这说明离子型氢化物中的氢是以 H^- 形式存在。碱金属氢化物的电导率取决于其阳离子空穴移动。LiH 的电导率 700℃ 下约为 0.04 $\Omega^{-1} \cdot cm^{-1}$,200℃下约 $2.5 \times 10^{-7} \Omega^{-1} \cdot cm^{-1}$。

除几种稀土金属氢化物外,一般金属型氢化物为金属导体,它输送的电子数量要比氢阳离子或氢阴离子输送的电子数多很多。金属氢化物的电解实验显示,氢以质子形式存在于其中。氢化物与金属在室温下的电阻率比见表 1-5。由于氢化物阴离子的形成减少了自由电子数,锆和稀土金属的氢化物电阻率比纯金属大。

表 1-5 室温下氢化物与金属的电阻率比[1]

氢化物	ZrH₁.₉₆	TiH₁.₈₆	PdH₀.₅₆	CeH₁.₆	PrH₁.₉	GdH₁.₈
电阻率比	1.72	约 0.37	0.56	1.4~2.5	1.59	2.94

离子型氢化物具有抗磁性,这是因为离子晶体中没有不成对的电子。LiH 的摩尔磁化率为 $\chi = -57.8 \times 10^{-6}$ m³/kg。一般情况下,氢化物的磁化率比金属小,磁化率降低是由于 H^- 离子生成。有些金属氢化物不同结构具有不同的磁化率,比

如，Mg_2NiH_4 的高温立方相（237℃以上）、低温单斜相（LT1 - Mg_2NiH_4，空间群 $C2/c$）和低温正交结构相（LT2 - Mg_2NiH_4，空间群 Ia）。其中，LT2 - Mg_2NiH_4 在 215～460℃（488～733K）之间随着温度升高出现了连续负膨胀的现象[9]，体积收缩达到了 7.9%，这可以与钌酸盐及分子固体的最大负膨胀相媲美。产生这一现象的原因主要与加热过程中 LT2 - Mg_2NiH_4 的原子结构变化和磁性转变有关。图 1 - 4 为 LT1 和 LT2 结构 Mg_2NiH_4 的磁化率随温度的变化。

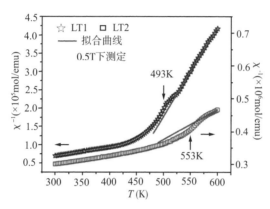

图 1 - 4 LT1 和 LT2 - Mg_2NiH_4 的磁化率倒数 χ^{-1} 与温度 T 的关系

1.2 金属氢化物的结构与热力学稳定性

1.2.1 典型储氢合金及氢化物的晶体结构

金属氢化物按照其氢化前后晶体结构的不同，大体上可以分为溶解间隙型氢化物和结构变态型氢化物。氢化物的晶体结构与金属相结构相同的称为溶解间隙型氢化物，如 $Pd - PdH$、$LaNi_5 - LaNi_5H_6$；氢化物晶体结构与金属相结构不同的称为结构变态型氢化物，如 $Ti - TiH_2$、$Mg_2Ni - Mg_2NiH_4$。大多数金属在氢化反应过程中，晶格都要发生重新排列，形成不同于原始金属相晶体结构的氢化物[10]。但由于间隙型和结构变态型氢化物中晶体结构各异，因此，通常按照储氢合金的类别来描述其氢化物。

为了满足对储氢合金各种性能的要求，人们在二元合金的基础上，开发出了三元、四元、五元乃至更多元的合金。但无论哪种合金，都离不开 A 和 B 两类元素。A 元素是容易形成稳定氢化物的发热型金属，如 Ti、Zr、La、Mg、Ca 和混合稀土等，B 元素是难于形成氢化物的吸热型金属，如 Ni、Fe、Co、Mn、Cu 和 Al 等。按照其原子比的不同，它们构成 AB_5 型、AB_2 型、AB 型、A_2B 型等类型的储氢合金。表 1 - 6 列出了典型储氢合金及其氢化物的晶体结构。

AB$_5$ 型储氢合金具有 CaCu$_5$ 型晶体结构(皮尔逊类型 $hP6$,空间群 $P6/mmm$)。通过多种不同元素取代 A 和 B 的点阵位置,形成一系列 AB$_5$ 型合金。A 侧元素可以是一种或多种 La 系、Ca、Y 和 Zr 等元素,B 侧元素是基于 Ni 和其他可能的取代元素如 Co、Al、Mn、Fe、Cu、Sn、Si 和 Ti 等。研究中常见的 AB$_5$ 型储氢合金主要是 La 系混合稀土(Mm=La+Ce+Nd+Pr)和 Ni 基为主的混合取代 B 侧元素(Ni+Al+Mn+Co)。AB$_5$ 型合金中典型代表是目前已经实用化的 LaNi$_5$ 合金,其优势是易活化,吸放氢温度低至 $-30\sim60℃$,储氢能力强,吸放氢速度快。LaNi$_5$ 晶体常数为 $a=5.013$ Å,$c=3.976$ Å,$V=86.53$ Å^3,室温下可与 6 个原子的氢结合,形成六方晶系的 LaNi$_5$H$_6$,吸氢量约为 1.49 wt.%,充放电容量约为 280 mAh/g。LaNi$_5$H$_6$ 空间群为 $P6/mmm$,晶格常数为 $a=5.280$ Å,$c=4.181$ Å,$V=100.94$ Å^3。与 LaNi$_5$ 相比,LaNi$_5$H$_6$ 体系膨胀约 16.7%。

与 AB$_5$ 型合金相似,AB$_2$ 型金属间化合物代表了一大类储氢材料。A 侧元素通常来自 IVA 族、稀土系以及 Th,IVA 族包括 Ti、Zr、Hf,稀土系包括 57~71 号元素。B 侧元素可以是过渡和非过渡金属元素,通常是 V、Cr、Mn 和 Fe 较多。A 侧和 B 侧可以被大范围的取代,使得 AB$_2$ 型合金的平衡氢压在很大范围内调整,如其吸放氢温度在 0~100℃、平衡氢压在 0.1~1 MPa 范围内可调。AB$_2$ 型合金的活化需要额外加热升温,其通常比 AB$_5$ 型合金难活化,特别是 Zr 或 Mn 含量高时。但是一旦活化,AB$_2$ 型合金的吸放氢动力学就非常快。AB$_2$ 型合金的储氢容量按照氢与金属的原子比计算,在 1~1.25 之间,质量百分比为 1.5 wt.%~2.43 wt.%。

第一个被发现具有可逆吸放氢性能的 AB 型化合物是 1958 年 Libowitz 发现的 ZrNi,但 ZrNiH$_3$ 在 0.1 MPa 的放氢温度高达 300℃,对于实际应用来说温度过高。第一种可以实际应用的 AB 型储氢合金是 1970 年由 Reilly 和 Wiswall 在美国 Brookhaven 国家实验室发现的 TiFe。直到目前,TiFe 及其元素取代改性的合金仍然是 AB 型合金中综合性能最优的合金。TiFe 基 AB 型合金具有有序的体心立方结构,通常具有两个不同的平台压,对应两种不同的氢化物。其平衡氢压可通过 Mn 或 Ni 部分取代 Ti 和 Fe 来进行改性。TiFe 和 TiFe$_{0.85}$Mn$_{0.15}$ 具有较高的体积和重量储氢容量,可与最优的 AB$_5$ 和 AB$_2$ 型储氢合金相比。但 TiFe$_{0.8}$Mn$_{0.2}$ 没有实际用处,因为它的储氢容量和平衡氢压过低。TiFe 基 AB 型储氢合金的活化相对困难,需要加热以破坏表明自然形成的氧化层。通常活化需要在 5 MPa 以上氢压下活化 1 天以上才能完全活化。

A$_2$B 型化合物有不同类型的晶体结构。在其中一个亚类中,A 代表 IVA 族元素 Ti、Zr 或 Hf,而 B 为过渡族金属元素,通常是 Ni。另一类以 Mg$_2$Ni 为基础,由美国的 Reilly 和 Wiswall 在 20 世纪 60 年代末发现。但 A$_2$B 型合金很少能在 0~100℃、0.1~1 MPa 范围内放氢,其氢化物过于稳定。实际上,Mg$_2$NiH$_4$ 是一种过渡金属络合物,而不是金属氢化物。Mg_2Ni 的储氢容量和成本都很吸引人,但对于大多数应用来说,放氢温度过高,放氢压力为 0.1 MPa 时,放氢温度高达 287℃。第三组元或更多组元取代对 Mg_2Ni 的压力-成分-温度性能的影响不大。通过表面处理、纳米化和非晶化 Mg_2Ni 基合金或添加催化剂的方法可提高其吸放氢动力学,但氢化物基本的热力学性质并没有得到明显改善。

与金属间化合物不同,固溶体型储氢合金中溶质原子与溶剂原子的比例通常是整数或接近整数,并且溶质原子无序取代基体原子或溶质原子无序间隙固溶在基体晶格中。少数几种固溶体合金形成了可逆吸放氢的氢化物,特别是基于 Pd、Ti、Zr、Nb 和 V 的金属氢化物。钯基合金具有 Fcc 结构,虽然大部分钯基固溶体的分解氢压在适宜范围内,但钯基氢化物体积或重量储氢容量低,很少超过 1wt.%,且钯价格昂贵。钛基和锆基固溶体的氢化物过于稳定,即使高度合金化后,仍然难以在接近室温范围内放氢。在这些固溶体中,VH_2 可在 0~100℃、0.1~1 MPa 范围内吸放氢,为二元或者多元取代固溶的钒基合金的应用提供了机会。钒基合金都是简单的 Bcc 结构,其氢化物通常形成 Fcc 结构。V-Ti-Fe 是储氢性能最优的钒基固溶体,通过 Fe 元素从 0~0.075 原子比的取代,$(V_{0.9}Ti_{0.1})_{1-x}Fe_xH_2$ 的平衡氢压可在一个数量级范围内改变。另一类 Laves 相 Bcc 固溶体是以 V-Ti-Mn合金为基,纳米层片结构为室温下储氢和可逆吸放氢提供了良好的条件。

表 1-6　典型储氢合金及其氢化物的晶体结构

合金类型	合金成分	合金晶体结构	氢化物	氢化物晶体结构	C_H(wt.%)
AB$_5$	LaNi$_5$	CaCu$_5$ 型,$P6/mmm$	LaNi$_5$H$_6$	$P6/mmm$	1.5
		CaCu$_5$ 型,$P6/mmm$	LaNi$_5$H$_3$	$P6/mmm$	
	LaNi$_{4.25}$Al$_{0.5}$	CaCu$_5$ 型,$P6/mmm$	LaNi$_{4.25}$Al$_{0.5}$H$_6$ LaNi$_{4.25}$Al$_{0.5}$H$_x$	$P6/mmm$	1.2
	LaNi$_{4.15}$Fe$_{0.85}$	CaCu$_5$ 型,$P6/mmm$	LaNi$_{4.15}$Fe$_{0.85}$H$_x$	$P6/mmm$	1.1
AB$_2$	TiMn$_2$	MgZn$_2$ 型,$P6_3/mmc$	TiMn$_{1.5}$H$_{3.6}$	$P6_3/mmc$	
	TiCr$_{1.9}$(ht)	MgNi$_2$ 型,C14,$P6_3/mmc$	TiCr$_{1.9}$H$_{3.8}$	$P6_3/mmc$	
	TiCr$_{1.8}$(rt)	MgCu$_2$ 型,C15,$Fd-3m$ O2	TiCr$_{1.8}$H$_{3.4}$	$Fd-3m$ O2	2.4
AB	TiFe	CsCl 型,$Pm-3m$	TiFeH$_2$		1.9
	TiFe$_{0.85}$Mn$_{0.15}$	$Pm-3m$	TiFe$_{0.85}$Mn$_{0.15}$H$_2$	$P12/m1$	1.9
A$_2$B	Mg$_2$Ni	Mg$_2$Ni 型,$P6_222$	Mg$_2$NiH$_4$(ht)	$Fm-3m$	3.8
			Mg$_2$NiH$_4$(rt)	$C12/c1$	3.8
固溶体	(V$_{0.9}$Ti$_{0.1}$)$_{0.95}$Fe$_{0.05}$	Bcc	(V$_{0.9}$Ti$_{0.1}$)$_{0.95}$ Fe$_{0.05}$H$_{1.95}$	Fcc	3.7

　　注:C_H——储氢容量。

除了 AB_5、AB_2、AB 和 A_2B 型金属间化合物之外,另一些金属间化合物也具有可逆吸放氢能力,比如 AB_3、A_2B_7、A_6B_{23}、A_2B_{17} 和 A_3B 型化合物。这些金属间化合物的晶体结构大部分都由 AB_5 和 AB_2 结构长程堆垛而成,如 AB_3 型的 $(La,Mg)Ni_3$、A_2B_7 型的 $(La,Mg)_2Ni_7$ 和 A_5B_{19} 型的 $(La,Mg)_5Ni_{19}$ 合金都具有超晶格结构,均由 $[LaNi_2]$ 或 $[LaMgNi_4]$ 结构单元和 $[LaNi_5]$ 结构单元的层状结构单元交替堆积排列组成。因而推测这些合金可以综合 $LaNi_5$ 和 $LaNi_2$ 的特点,既可以拥有 $LaNi_5$ 的优良吸放氢性能,又具有 $LaNi_2$ 的高的储氢容量。另外,在 $La-Mg-Ni$ 体系中还存在 La_7Ni_3、$LaNi$、La_3Ni 二元储氢合金以及 $LaMg_2Ni$、$(La,Mg)Ni_2$、$LaMgNi_4$、La_2MgNi_9、$LaMg_2Ni_9$、La_4MgNi_{19}、La_3MgNi_{14} 和 $La_5Mg_2Ni_{23}$ 等三元储氢合金。据文献报道,La_2Mg_{17} 的储氢容量高达 6wt.%,在室温下可放氢,但反复吸放氢结果发现 La_2Mg_{17} 将分解为 LaH_2 和 $\alpha-Mg$。

1.2.2 金属氢化物反应热力学及氢化物稳定性评价

在特定氢压和温度条件下,金属与氢接触,反应即可发生。典型的氢化反应可表示为:

$$M + H_2 \rightleftharpoons MH_2 \qquad (1-1)$$

反应式中的双箭头表示,在满足氢压和温度条件下,反应可逆。由于有氢气参与反应,所以氢气的压力影响反应的进行,而反应平衡时对应的氢压为该温度下反应平衡氢压,热力学上氢化物合成和分解平衡氢压相等。氢化物的吸氢和放氢反应可逆对于储氢材料意义重大,反应向哪个方向进行,可通过氢压和温度控制:当氢压低于某温度下的氢化物分解的平衡氢压时,氢化物放氢;而当氢压高于某温度下氢化物分解平衡氢压时,金属吸氢。

吸/放氢反应中,金属或合金、氢化物中氢的化学势是随外界氢压的升高而升高的。一般地,用 α 相表示金属和含氢的金属固溶体结构,用 β 相表示对应的金属氢化物储氢相。那么 α 单相和 β 单相中的氢化学势将随外界氢压的升高而升高,而当 α 相和 β 相共存时,两相间的氢化学势相等,也等于氢化物的合成/分解氢化学势。氢的化学势与氢浓度相关,即可转换为与氢压的关系,而氢压可用压力传感器检测出来,所以通常用压力-成分曲线来表示金属或合金热力学上的吸/放氢特性。图 1-5(a) 表示了合金中不同氢含量对应的金属和氢化物中平衡氢压曲线。当外界氢压非常低时,纯金属中的平衡氢压也非常低,氢固溶于金属中形成固溶氢的 α 相。α 相中的氢分压随着氢含量增加而升高。当金属中的氢含量超过该温度下氢的饱和固溶度极限时,将形成该金属对应的氢化物 β 相。由于部分氢化物 β 相的出现,金属内形成 α 相和 β 相的两相平衡。此时,与 α 和 β 相平衡的氢的化学势不变,且等于该温度下氢化物的形成/分解氢化学势,在压力-成分图中出现平台段,通常称之为平台压。当金属内的 α 相全部转化为 β 相后,随着外界氢压的继续升高,氢原子继续固溶在 β 相中,与 β 相相平衡的氢分压随氢含量增加而升高,直至金属内氢分压与外界氢压相等。

温度的升高将导致平台压升高。如图 1-5(a)中,随着温度从 T_1 升高至 T_3,α 和 β 两相区的平台压也随之升高。值得注意的是,无论金属中氢含量为多少,当达到平衡状态时,氢的化学势在各物相中相等。

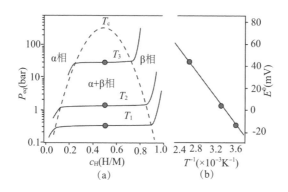

图 1-5 (a)压力-成分-温度曲线,(b)对应的 van't Hoff 图

式(1-1)的反应摩尔 Gibbs 自由能变化可以表达为:

$$\Delta G = \Delta G° + RT\ln\frac{a_{MH_x}}{a_M P_{H_2}} \tag{1-2}$$

a_{MH_x} 是 MH_x 的活度,a_M 是金属的活度,P_{H_2} 是反应时氢气的分压,$\Delta G°$ 是反应的标准 Gibbs 自由能,R 是气体常数,T 是绝对温度。当反应达到平衡时,即 $\Delta G = 0$。方程(1-2)可以变形为

$$\ln P_{H_2}^{eq} = \frac{\Delta H°}{RT} - \frac{\Delta S°}{R} \tag{1-3}$$

式中,$P_{H_2}^{eq}$ 是平衡氢压,$\Delta H°$ 和 $\Delta S°$ 分别是反应标准熔变和熵变。方程(1-3)就是著名的 van't Hoff 方程,平衡氢压 $P_{H_2}^{eq}$ 是温度的函数,与反应熔变和熵变有关。由 $P_{H_2}^{eq}$ 对 $1/T$ 作图,即可获得图 1-5(b)的 van't Hoff 图。图 1-5 展现了压力-成分-温度(Pressure-Compostion-Temperature,PCT)曲线与 van't Hoff 线之间的对应关系。

PCT 曲线包含了重要的热力学信息,如储氢合金中的含氢量、可逆吸放氢量、不同温度的吸/放氢反应平衡氢压、氢化物的种类数(根据平台压的数目确定)等。根据方程(1-3),将平衡氢压和温度做成曲线,可以计算出反应的 $\Delta H°$ 和 $\Delta S°$。在很大温度范围内,$\ln P_{H_2}^{eq}$ 与 $1/T$ 呈严格的直线关系,可根据其斜率求 $\Delta H°$,根据截距求 $\Delta S°$。图 1-6(a)给出了各种纯金属的 van't Hoff 线之间的对比,(b)图为几

种典型储氢合金的 van't Hoff 线对比，LaNi$_5$、TiFe、TiMn$_2$、TiCr$_{1.8}$ 可在室温范围吸放氢，而其他金属或合金都要远高于室温。图中所有氢化物的 van't Hoff 线斜率都为负值，及 ΔH° 为负，说明吸氢反应是放热反应。ΔS° 值主要由氢气的熵导致，设 ΔS° 约等于氢气的绝对熵，因此，各个金属的 ΔS° 相差不大。不同金属或合金的斜率差异说明成分对反应焓的影响不同。

金属氢化物的生成和分解过程都伴随放热和吸热，金属吸氢反应过程伴随放热，而放氢反应伴随吸热。吸放热量大的金属在吸放氢过程中伴随着晶格的重新排列和较大的体积收缩或膨胀，而反应热小的金属通常晶格收缩或膨胀小。氢化反应吸放热的特性，为储能材料提供了可能性，也是储氢装置设计必须要考虑的问题。用于实用的储氢材料时，希望吸氢反应 ΔH° 放热量尽量小；而用于实用的储热材料时，希望该值尽量大。氢化物放氢热量 ΔH° 与氢燃烧热的比值是评价储氢合金的重要标准之一。

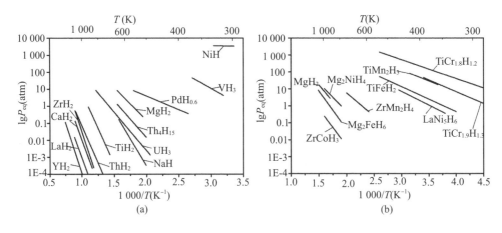

图 1-6 典型储氢合金放氢反应的 van't Hoff 图[11, 12]

储氢合金的吸/放氢反应在热力学上是可逆过程，吸/放氢平台压也相等。但实际上放氢和吸氢过程往往存在滞后。吸放氢的滞后性指金属或合金在吸放氢过程中平台压差，因合金而不同。图 1-7 为 LaNi$_5$ 合金的 PCT 曲线，其中吸氢和放氢存在滞后。该现象产生的主要原因是金属或合金被氢化后金属晶格膨胀使晶格间产生应力，但是释放氢时，由于氢化物几乎没有受到应力作用，使分解压降低。滞后系数的计算公式为

$$R = \ln\left(\frac{P_a}{P_d}\right) \tag{1-4}$$

式中，P_a 为吸氢平台压，P_d 为放氢平台压。滞后系数越大，意味着吸放氢平台压差距越大，在吸放氢时，需要以更大的温度差对合金或氢化物进行加热、冷却，或者以

更大的压差用于氢气的存储和释放,使得合金的储氢能力和反应热不能有效利用。因此,希望开发的储氢合金吸放氢反应的滞后系数尽量小。

对于氢化物的稳定性评价,从热力学上本质是根据氢化反应 Gibbs 自由能判据来判断,即氢化反应的 $\Delta G \leqslant 0$,如式(1-2)。所以,氢化物的稳定性可以从平衡氢压、反应焓和反应熵的值来判断。为了比较不同种类氢化物的热力学稳定性,可以将各氢化反应放在标准状态下进行比较。实际问题中,通常用 van't Hoff 线的相对位置比较反应的稳定性:van't Hoff 线的位置越靠下,说明分解反应氢压越低、反应吉布斯自由能越小。各种金属氢化物的放氢反应标准焓和标准熵的值列于表 1-6 中。

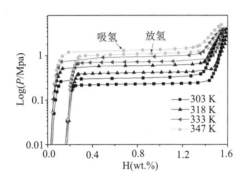

图 1-7　LaNi₅ 合金吸/放氢 PCT 曲线的滞后现象[13]

表 1-6　典型金属氢化物的热物性参数

氢化物	放氢平台压（MPa）	ΔH°（kJ/mol H₂）	ΔS°（J/K mol H₂）	滞后系数 $\ln(P_a/P_d)$
LaNi₅H₆	0.4（50℃）	−30.9	109	0.19
LaNi₄.₆Al₀.₄H₅.₅	0.2（80℃）	−22.2	111	0.25
CaNi₅H₄	0.04（30℃）	−33.5	/	/
TiMn₂H₃	2.52（25℃）	−24.6	114	0.22
TiCr₁.₈H₃.₅	0.2～5（−78℃）	−21.3	116	/
TiFeH₁.₉₅	1.0（50℃）	−28.1	106.0	0.64
ZrMn₂H₃.₄₆	1.0（245℃）	−53.2	121.0	0.26
ZrCoH₃	0.04（370℃）	−94.6	234.9	−0.98
MgH₂	0.1（300℃）	−74.4	135.1	0.20
Mg₂NiH₄	0.1（253℃）	−64.4	122.2	0.11
Mg₂FeH₆	0.3（350℃）	−80	137	0.4
Mg₂CoH₅	0.393（375℃）	−79	134	/
Mg₃CoH₅	0.345（375℃）	−70	118	/

1.3 金属-氢体系相图

1.3.1 金属-氢体系相图构建的基本原理

相图是合金设计的高效手段之一,对于金属-氢化物构成的体系,由于引入了气态元素氢,使得金属-氢相图具有不同于凝聚相体系的特性。含氢相图的构建需要具备一系列的基本条件:①间隙原子氢在金属中具有高的扩散速率,使低温下的金属-氢体系相平衡能够被测量和构建。②氢在金属中的化学势与气态中的化学势相等,使得通过测定气态的氢分压 P_{H_2} 可获得氢在金属中的化学势。这两者缺一不可。其他金属-气体体系也可以通过测定气态分压来确定气体原子在金属中的化学势,但是由于这些气体原子的扩散速率远小于氢原子,所以只能建立高温下的相平衡。例如,298 K 下氢原子在钯中的扩散速率常数约为氧原子在钯中的 10^{19} 倍。

Pd-H 相图是最先构建的 M-H 体系,由 Hoitsema 和 Roozeboom[14] 从 Gibbs 相律推导获得。在 1950 年之前,与 M-H 相图相关的信息很少,直到 McQuillan[15] 通过测定一系列压力-成分等温线,构建了 Ti-H 相图。在 Ti-H 相图构建后,由于金属氢化物可以作为中子调节器,3B 和 4B 金属及其合金的氢化物受到了一些关注。Lewis 和 Aladjem[16] 编纂和讨论了氢-金属体系相图。Manchester[17] 编辑了一本纯金属-氢相图汇编,其中包括了氢化物的晶体结构和热力学性质。Zhao[18] 详细讲解了含氢体系相图的实验测定方法,包括电子衍射和透射电子显微镜分析方法,以及磁化率、电阻率、热膨胀率等性质测定方法。

早期的金属-氢相图的建立依赖实验测定,而随着计算机的出现,人们开始尝试利用热力学的基本原理计算不同体系的相关系,并最终发展成为相图理论的重要分支,即相图计算技术(CALPHAD,即:CALculation of PHAse Diagram)。通过 CALPHAD 方法构建金属-氢化物体系各相的 Gibbs 自由能描述,包括金属储氢相、氢化物、气相,就可以计算各相之间的平衡关系、M-H 相图、氢化反应的反应焓和反应熵等热力学参数,从而设计储氢合金的成分,为氢化反应条件和制备、热处理工艺参数筛选提供指导。

正如相平衡的基本原理一样,恒温恒压下体系达到相平衡的基本判据是体系总 Gibbs 自由能最小,即:

$$G_{\text{total}} = \sum_{\varphi=\alpha}^{\psi} n^{\varphi} G^{\varphi} = \min \qquad (1-5)$$

式中,φ 为体系中平衡共存的相,$\varphi = \alpha, \beta, \cdots, \psi$,$G^{\varphi}$ 和 n^{φ} 为 φ 相的摩尔 Gibbs 自由能和 φ 相的摩尔含量。由式(1-5)的平衡条件派生出任一组元的化学势在平衡共

存的各相中相等的平衡判据。假设氢的金属固溶体为 α，氢化物相为 β，气相为 gas，则三相平衡时氢在这三相中的化学势相等：

$$\mu_H^{\alpha} = \mu_H^{\beta} = \mu_H^{gas} \qquad (1-6)$$

而氢原子在气相中的化学势与氢气的分压呈

$$\mu_H^{gas} = \frac{1}{2}\mu_{H_2}^{gas} = \frac{1}{2}\left(\mu_{H_2}^{\circ} + RT\ln\frac{P_{H_2}^{eq}}{P_{H_2}^{\circ}}\right) \qquad (1-7)$$

关系，式中 $\mu_{H_2}^{gas}$ 为氢气在气相中的化学势，$\mu_{H_2}^{\circ}$ 为氢气在标准状况下的化学势，$P_{H_2}^{eq}$ 为氢气的平衡氢压。因此，测定各温度下气态中的氢分压，即可获得该体系各物相中氢的化学势；相反，当获得各物相的 Gibbs 自由能曲线，就可根据化学势相等原则计算得到任一温度下的压力-成分-温度（PCT）性质曲线。

图 1-8(a)和(b)描述了如何从 Gibbs 自由能曲线计算 PCT 性质的原理。图 1-8(a)中，Gibbs 自由能曲线的切线与右侧氢的自由能坐标轴的交点，即为氢在对应物相中的化学势。根据式(1-7)，可获得该温度和成分下对应的氢分压值，即 PCT 曲线。在 PCT 曲线中，有一段压力平台阶段，为 α 和 β 的两相共存阶段，此时氢含量增加，α 向 β 转变，但平衡氢压维持不变，等于 β 相的平衡生成/分解氢压。平台段与前后氢压连续增长阶段的拐点，即为单相和双相的相边界点。相边界点也可以从 Gibbs 自由能曲线图中作公切线直接获得，公切线与 Gibbs 自由能曲线的两个切点，即为单相 α 和 β 与双相区的边界点，如图 1-8(c)。同样的，根据 PCT 曲线的信息，也可以构建压力-温度相图，如图 1-8(d)。

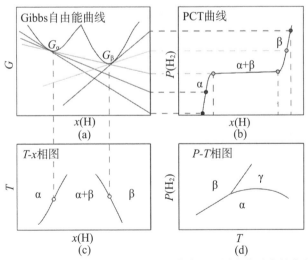

图 1-8 （a）α 和 β 相的 Gibbs 自由能曲线和不同成分对应的化学势，

（b）氢在合金中的化学势对应的氢气分压和成分关系，

（c）温度-成分相图，（d）压力-温度相图[19]

从热力学角度来看,吸氢和放氢反应主要受合金成分、温度和氢气分压这三个因素的影响。当某一金属体系在一定温度和氢压下保持足够长时间,氢原子扩散完全后,氢在各部分中的平衡压力相等。对于多元系的合金,合金成分确定时,其对应的氢化物种类与温度、氢压相关。通过控制外部的氢气分压可以控制体系中氢化物的种类,特别是对于体系中存在多种氢化物,且每种氢化物平衡氢压不同的金属-氢体系。通过调节温度,可以使氢化物的平衡氢压改变:让金属在低温、低压下储氢,然后提高温度以提升平衡氢压,从而实现物理增压。

1.3.2 典型体系的金属-氢相图及压力-成分-温度性质

1. 二元金属-氢体系

高温下氢在面心立方结构的钯(Fcc-Pd)中固溶度较大。当温度低于临界温度时,Pd-H 二元系中存在固溶度间隙,形成 Fcc1+Fcc2 结构,如图 1-9(a)。这一固溶度间隙是由实验测定的压力-成分等温线确定的[20]。吸氢和放氢平台之间存在一定的滞后,由于放氢时氢压低,富氢的 Fcc-Pd 相不再承受应力,因此通常采用放氢数据来表示平衡情况下的实验数据。图 1-9(b)给出了放氢压力-成分等温线的实验数据。

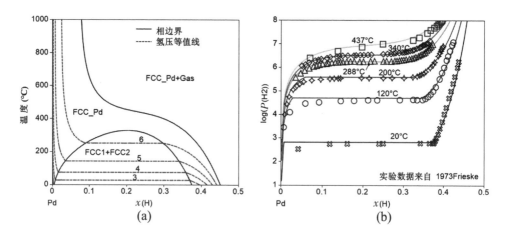

图 1-9　(a) Pd-H 体系的计算相图[21],(b) 不同温度下 PCT 曲线[20]

稀土氢化后形成的氢化物以 REH₂ 为主,由于条件不同可能具有不同的晶体结构。图 1-10 给出了 Ce-H 和 Nd-H 体系的相图。氢原子在纯 Ce 和 Nd 中的固溶度较大,Bcc-Ce 可固溶 33 at. % H。氢在 Y 中的固溶度最高可达 40 at. %。Y-H 体系通常认为存在两种氢化物 YH₂ 和 YH₃ 相,YH₂ 稳定存在的温度较高,0.1 MPa 下分解温度约 1 475℃。YH₃ 相稳定存在的温度较低,0.1 MPa 氢压下

365℃即发生分解,形成 YH$_2$ 和部分氢气。早期实验测定 Gd－H 体系的 PCT 曲线,表明氢在 α－Gd 中有较大固溶度,且还存在两种非化学计量比的氢化物 β－GdH$_2$ 和 γ－GdH$_3$。图 1－11(a)给出了 Gd－H 体系 0.1 MPa 氢压下的计算相图[22],其中氢化物的分解反应分别为 350℃ 的 γ－GdH$_3$→β－GdH$_2$＋Gas 和 1194℃ 的 β－GdH$_2$→Hcp(Gd)＋Gas。图 1－11(b)根据数据库预测出 Gd－H 体系 PCT 曲线,与实验值吻合较好。

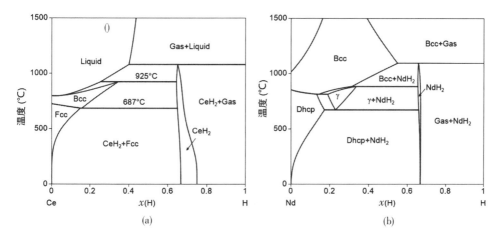

图 1－10 0.1 MPa 下(a) Ce－H 体系的计算相图,(b) Nd－H 体系的计算相图[7]

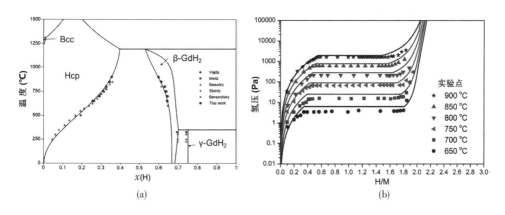

图 1－11 0.1 MPa 下(a) Gd－H 体系的计算相图,(b) Gd－H 体系预测的 PCT 曲线[22]

Mg－H 体系中只存在一种氢化物 MgH$_2$,且 MgH$_2$ 的晶体结构与 α－Mg 不同。Zeng 等[23]首次优化了 Mg－H 体系热力学相图,但为了使氢的液态自由能稳定性参数与 Al－Mg－H 体系一致,Palumbo 等[24]重新优化了 Mg－H 体系的液相参数,且计算结果与实验值吻合较好。图 1－12 为根据 Palumbo 等[24]报道的热力学数据计算的 Mg-H 相图。根据 van't Hoff 方程计算的 MgH$_2$ 的放氢反应焓约为 74 kJ/mol H$_2$，反应熵为 -135 J/K mol H$_2$，意味着镁在 0.1 MPa 的分解温度大于 287℃。从图 1-12(a)给出的 Mg-H 不同氢压下的相图可以看到，MgH$_2$ 的稳定存在温度随氢压的降低而降低，但是 0.1 MPa 下的放氢温度仍然高于 287℃。这一结果与 van't Hoff 方程计算结果吻合。

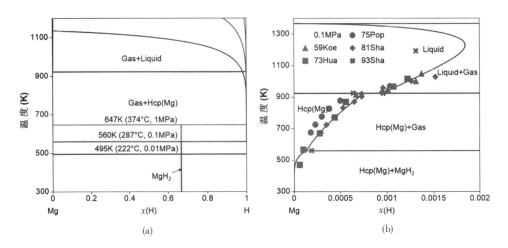

图 1-12 （a）不同氢压下 Mg-H 体系的计算相图，(b) 0.1 MPa 氢压时富 Mg 侧相图

氢在过渡金属 Ti 和 Zr 中的间隙位置固溶，当固溶量超过一定比例后，形成的主要氢化物为 TiH$_2$ 和 ZrH$_2$。Ti-H 体系中，固溶氢的 Bcc 相在 311℃以下将分解为 Hcp 相和面心结构的 TiH$_2$。氢在 Bcc 相中的固溶度在 644℃时达到最大 51 at.%，因此，在 311℃以上出现 Bcc 相的温度区间，Ti 的 PCT 曲线上将出现两个平台压，分别对应 Hcp-Bcc 的两相平衡和 Bcc-TiH$_2$ 的两相平衡。图 1-13 给

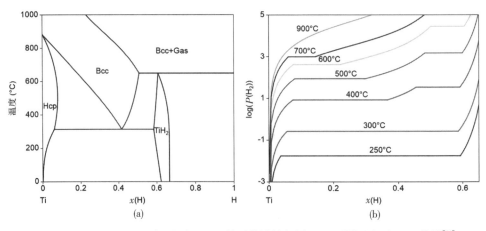

图 1-13 （a）0.1 MPa 氢压下 Ti-H 体系的计算相图，(b) 不同温度下 PCT 曲线[26]

出了 Ti-H 体系 0.1 MPa 氢压下的计算相图和不同温度下的 PCT 曲线。Königsberger 等[25]在优化 Ti-H 和 Zr-H 体系时都只考虑了一种氢化物 TiH_2 和 ZrH_2，而现在通常认为 Zr-H 体系中存在两个成分接近的氢化物，δ-ZrH_2 和 ϵ-ZrH_2，δ-ZrH_2 是氢含量较低的面心立方结构氢化物，而 ϵ-ZrH_2 是氢含量较高的面心四方结构氢化物。图 1-14 是 Zr-H 体系的计算相图。

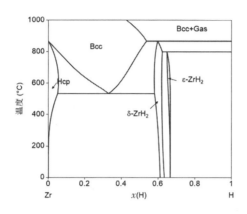

图 1-14　0.1MPa 氢压下 Zr-H 体系的计算相图

2. 三元金属-氢体系

三元及以上多组元体系的含氢相图目前报道少，较为成熟的体系研究集中在 RE-Ni-H 和 Mg-Ni-H 中。$RENi_5$ 合金是目前已实现应用的储氢合金，其中 $LaNi_5$ 的平衡氢压适中，在常温下即可实现吸放氢。$RENi_5$ 存在两种氢化相，分别为 $RENi_5H_3$ 和 $RENi_5H_{6\sim7}$，对应氢原子占据着不同的间隙位置。$LaNi_5$ 的两种氢化物分解氢压接近，但其他如 $CeNi_5$、$NdNi_5$ 的氢化物则出现明显的两个平台压。部分研究者认为 $LaNi_5H_6$ 在室温和 0.1 MPa 条件下是一种亚稳相，稳定相组成应为 LaH_x、Fcc(Ni) 和 H_2[27]。通过优化 La-Ni 和 $LaNi_5$-H 体系物相的 Gibbs 自由能，可计算 $LaNi_5$-H 截面相图，如图 1-15[13]。氢化物 $LaNi_5H_6$ 形成焓为 -28.53 kJ/mol H_2，接近实验和文献报道的范围 -32.10 ～ -27.76 kJ/mol H_2[28-30]。

基于实验测定的 $NdNi_5$-H 合金系的 PCT 曲线和不同压力下 $NdNi_5H_3$ 的分解温度(图 1-16(a))，可以构建 Nd-Ni-H 体系全浓度范围的相关系和各物相的自由能描述，继而优化 $NdNi_5$-H 截面相图和 Nd-Ni-H 体系相图[7]。Nd-Ni-H 体系在 25℃、10 MPa 氢压下的计算相图如图 1-16(b)。该体系只存在两种三元氢化物 $NdNi_5H_3$ 和 $NdNi_5H_6$，Nd 和 Ni 原子比高于 1:5 时，将分解出 NdH_2 和钕镍比更高的金属间化合物。$NdNi_5$-H 截面的计算相图如 1-16(c)。通过热力学描述计算的 $NdNi_5$ 合金的 PCT 曲线如图 1-16(d)。

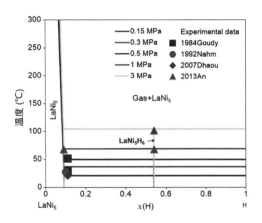

图 1-15　0.5～3 MPa 氢压下 LaNi₅ - H 截面相图

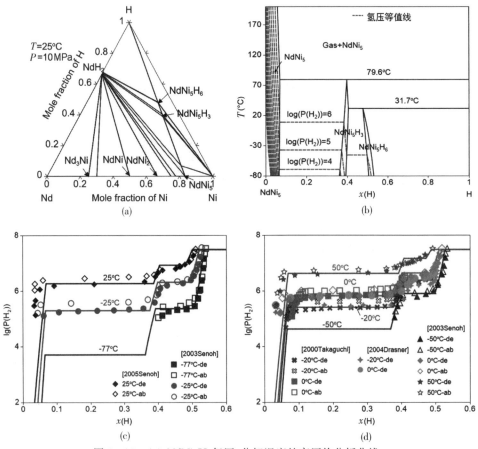

图 1-16　（a）NdNi₅H₃ 氢压-分解温度的高压热分析曲线,

（b）25℃和 10MPa 下 Nd - Ni - H 体系等温截面相图,

（c）NdNi₅ - H 截面相图,（d）NdNi₅ 合金的 PCT 曲线

镁基合金储氢容量大,其中以 Mg-Ni 合金研究最多。Zeng 等[31] 在 1999 年提出了 Mg-Ni-H 体系的热力学描述,但其中未考虑 Mg_2NiH_4 的高低温相结构的转变。Mg_2NiH_4 是该三元系中唯一的一个三元氢化物,实际上氢与金属的原子比在 $3.8\sim4.0$ 之间[32]。Mg_2NiH_4 存在三种晶体结构,高温型 $HT-Mg_2NiH_4$、低温型 $LT1-Mg_2NiH_4$ 和 $LT2-Mg_2NiH_4$,高温和低温的相转变温度为 $235\sim240℃$。根据文献报道 Mg_2NiH_4 的生成焓和平衡氢压数据优化了 Mg-Ni-H 体系相图[33],计算了 Mg_2Ni-H 截面,如图 1-17(a),预测的 PCT 曲线,如图 1-17(b)。

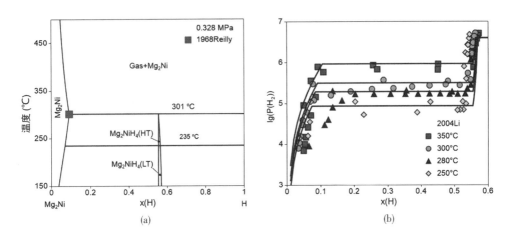

图 1-17 (a)计算的 Mg_2Ni-H 截面和(b)预测的 PCT 性质

1.3.3 相图在储氢合金设计中的应用

利用相图进行合金设计是开发新型储氢合金的一种有效手段,特别是对于元素种类多、相关关系复杂的多元合金体系,该方法不仅可以寻找尚未发现的储氢合金,还可以根据物相稳定存在温度和压力条件,指导储氢合金的制备和热处理工艺选择。

稀土镍基储氢合金可以在接近常温下吸放氢,是理想的电池负极材料,但目前商用的 $LaNi_5$ 型稀土镍基合金容量低,人们通过用镁部分取代稀土大大提高了其储氢容量,因此,RE-Mg-Ni 合金富 Ni 角的相关系受到广泛关注。Ce-Mg-Ni[34]、Y-Mg-Ni[35]、Nd-Mg-Ni[36] 和 Pr-Mg-Ni 体系 Ni 含量大于 50 at. % 成分范围的相平衡已被测定,其中主要存在两种金属间化合物相 $REMg_2Ni_9$ 和 $REMgNi_4$,二者均具有储氢特性。通过构建的 La-Mg-Ni 富 Ni 角热力学相图可指导 La-Mg-Ni 储氢合金的制备技术参数[37]。镍基的 La-Mg-Ni 储氢合金通常具有良好的电化学性能,主要是由于含有 $LaNi_5$、$(La_{1-x}Mg_x)_2Ni_7$ 和 $(La_{1-x}Mg_x)Ni_3$ 相。据此设计包含这些物相的储氢合金 $La_{0.75}Mg_{0.25}Ni_{3.5-4.1}$,实验证明其表现出较优电化学容量和循环寿命。

镁的吸放氢容量约 7.6 wt.%,是具有潜力的储氢合金之一。但其吸放氢速率慢、放氢温度高和寿命短制约了其应用。通常添加过渡金属组元 Ni、Ti 和 Nb 等以及稀土元素来改善镁合金的储氢性能。RE-Mg-Ni 体系富镁角相图研究较少,主要原因是镁极易挥发导致合金制备困难,而且富镁角通常存在一些未知的金属间化合物,进一步增大了相图测定的难度。通过测定 RE-Mg-Ni(RE=La,Ce,Nd,Y)体系富镁角的相平衡关系,基于 CALPHAD 方法可以优化它们的热力学数据库[37-40],计算的 RE-Mg-Ni 体系 400℃等温截面,如图 1-18 所示。在 Y-Mg-Ni 体系中存在一系列长程有序堆垛结构相(Long Period Stacking Order

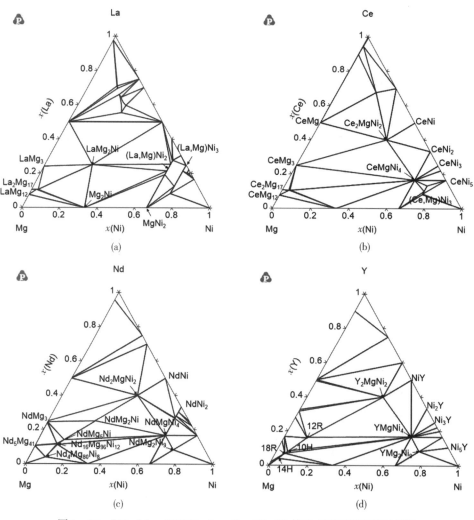

图 1-18　RE-Mg-Ni(RE=La,Ce,Nd,Y)体系 400℃等温截面相图

Phase,LPSO),14 H、18 R 和 10 H。通过高分辨透射电镜,发现了一种新型的 LPSO 结构——12R[41],是目前发现的镁含量最低的 LPSO 结构,丰富了 LPSO 结构家族。由于 LPSO 独特的晶体结构,对镁含量最高的单相的 18R - Mg$_{12}$NiY 进行储氢测试[42-44],该合金储氢容量高达 5.1 wt.%,循环寿命达到 620 次。通过原位同步辐射分析初始氢化反应,显示 18R 分解出纳米级的 YH$_2$,促进了合金储氢性能的提升。

前述的例子都是基于不含氢体系的相图进行合金设计,对于多元含氢体系的相图和合金设计的例子报道少,主要原因是多元系中物相多、相关关系复杂,而引入氢要弄清楚和构建各个物相中氢的化学势,这是含氢相图计算的最大难点。但含氢相图可以为储氢合金的容量预测、PCT 预测、氢化物稳定性评估和热处理工艺选择提供依据,因此,构建含氢相图是非常有必要的。一个典型的例子是利用 Nd - Mg - Ni - H 体系的热力学相图设计高容量长寿命镁基储氢合金[33, 40]。

Nd - Mg - Ni - H 体系中物相相关关系如图 1 - 19,在富镁角发现了两种新的金属间化合物 Nd$_4$Mg$_{80}$Ni$_8$ 和 Nd$_{16}$Mg$_{96}$Ni$_{12}$。Nd$_4$Mg$_{80}$Ni$_8$ 的结构为空间群 $I4_1/amd$ (No. 141),$a = b = 11.274\ 3(1)$ Å,$c = 15.917\ 0(2)$ Å,Nd$_{16}$Mg$_{96}$Ni$_{12}$ 的结构为空间群 $Cmc2_1$ (No. 36),$a = 15.341\ 97(12)$ Å,$b = 21.674\ 94(16)$ Å,$c = 9.486\ 856(67)$ Å。从图 1 - 19 可以看到,在足够量氢的环境下,富镁角的合金吸氢后都会分解为 NdH$_2$、MgH$_2$ 和 Mg$_2$NiH$_4$ 相。而其中可以可逆吸放氢的是 MgH$_2$ 和 Mg$_2$NiH$_4$。

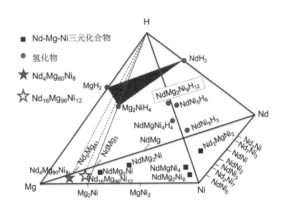

图 1 - 19　Nd - Mg - Ni - H 体系构架图

文献报道的储氢合金大多是多元多相组织,如铸态的 Mg$_{80}$Ce$_{18}$Ni$_2$ 合金含有 57 wt.% CeMg$_3$、29 wt.% Ce$_2$Mg$_{17}$、7 wt.% CeMg 和 5 wt.% CeMgNi$_4$[45, 46]。由于镍元素、REH$_x$ 通常被认为是活性质点,对吸放氢可以起到催化作用,所以活性组元在储氢合金中的均匀分布应该会比偏聚在局部效果更好[45]。根据 Nd - Mg - Ni - H 体系的计算相图选择了镁含量最高的两种金属间化合物 Nd$_4$Mg$_{80}$Ni$_8$ 和

$Nd_{16}Mg_{96}Ni_{12}$[47]，在 400℃ 退火 2 d 使其获得稳定结构和均匀的成分。根据 Nd‐Mg‐Ni‐H 体系热力学数据库预测富镁角合金的储氢容量和设计合金的 PCT 曲线，如图 1‐20 所示。PCT 曲线中出现多个平台，显示了 $Nd_4Mg_{80}Ni_8$ 和 $Nd_{16}Mg_{96}Ni_{12}$ 随氢压升高逐步分解的步骤。这两种合金在低氢压下就分解为 NdH_2、α‐Mg 和 Mg_2Ni。据此可以提出直接氢化单相 Mg‐RE‐Ni 中间合金制备 REH_x‐Mg‐Mg_2Ni 复合物的方法。这在 Mg‐Ni‐Y 体系中 18R 的分解中也得到验证[42,43]，原位形成的 YH_2 和 NdH_2 晶粒尺寸都小于 35 nm，并且弥散分布于 α‐Mg 和 Mg_2Ni 基体中。

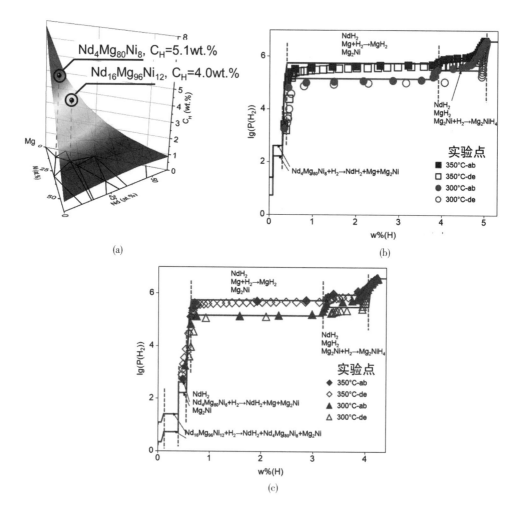

图 1‐20　(a) Mg‐Ni‐Nd 合金富镁角储氢容量与成分的关系，
(b) $Nd_4Mg_{80}Ni_8$ 的 PCT 曲线，(c) $Nd_{16}Mg_{96}Ni_{12}$ 的 PCT 曲线

结合 PCT 曲线计算和三维原子探针、原位同步辐射实验手段,得到 $Nd_4Mg_{80}Ni_8$ 和 $Nd_{16}Mg_{96}Ni_{12}$ 的原位分解机制:由于钕原子与氢原子的亲和力最强,首先生成大量的纳米级 NdH_2 颗粒,使得金属间化合物分解为 NdH_2、$\alpha\text{-}Mg$ 和 Mg_2Ni。均质的 $NdH_2\text{-}Mg\text{-}Mg_2Ni$ 纳米复合物不仅热力学上具有高的储氢容量,细小的组织也使其获得优异的吸放氢动力学,$Nd_4Mg_{80}Ni_8$ 的循环寿命长达 819 次。图 1-21 (a)展示了 $Nd_4Mg_{80}Ni_8$ 退火后均匀的组织。在吸氢后形成的纳米复合物内具有高密度的晶界,如图 1-21(b)和(d),这些晶界成为氢原子快速扩散的通道,提高了合金的吸放氢速率。NdH_{3-x} 与 $\alpha\text{-}Mg$ 界面处存在氢的能量势阱,相比较氢在 MgH_2 中的扩散,更容易捕获氢,并将氢从 $4b$ 位置沿着 $[1\bar{1}00]$ 方向传递到 NdH_{3-x}/Mg 界面处的八面体间隙位置空位,促进 $\alpha\text{-}Mg$ 的吸氢。在多次循环吸放氢后,NdH_2 颗粒平均尺寸只从最初的 32 nm 增加至 819 次循环后的 73 nm,如图 1-21(c)所示,这是 $Nd_4Mg_{80}Ni_8$ 合金保持长循环寿命的主要原因。

由此,可以总结出利用相图设计储氢合金的准则:①具有高的储氢容量;②合金在室温~350℃、10^{-3} Pa 条件下可放氢;③活性元素均匀分布于合金中。根据构建的 $Mg\text{-}Ni\text{-}Nd\text{-}H$ 热力学数据库计算该体系的相平衡,预测富镁角的储氢容量,两种新型的金属间化合物成分满足以上三条设计准则,而通过少量的实验验证就可以筛选出性能优良的储氢合金。

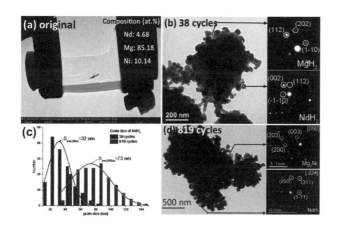

图 1-21 (a) $Nd_4Mg_{80}Ni_8$ 合金原始均匀组织;
(b) 循环 38 次后的微观组织,其中 NdH_2 颗粒均匀分布于 MgH_2 基体中;
(c) 循环 38 次和 819 次后 NdH_2 颗粒的尺寸分布统计;
(d) 循环 819 次后的微观组织,其中 NdH_2 颗粒均匀分布于 Mg_2Ni 基体中

本 章 例 题

例题 1-1 LaNi₅ 合金在 343～383 K 下的放氢 PCT 曲线如图 1-22 所示,对应的平台压分别为 0.796 MPa、1.475 MPa 和 2.498 MPa。

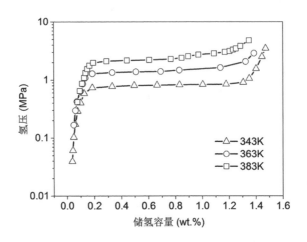

图 1-22 LaNi₅ 合金在 343～383K 下的放氢 PCT 曲线[48]

试求:

(1) 该 PCT 曲线对应的氢化物是什么成分?

(2) LaNi₅ 合金的放氢反应焓和反应熵分别是多少?

(3) LaNi₅ 合金在 298 K 下的放氢平台压为多少?

解:(1) 根据储氢量换算 H/M 的比例,其中 H 的原子质量是 1.00 g/mol,La 和 Ni 的摩尔质量分别是 138.91 g/mol 和 58.69 g/mol,则最大储氢量 1.5 wt.% 对应的 H 的原子比为:

$$x(\text{H}) : x(\text{M}) = \frac{1.5/1.00}{98.5/(138.91 + 58.69 \times 5)} = 6.6$$

因此,认为该放氢的物相为 LaNi₅H₆。

(2) 根据 van't Hoff 方程

$$\ln P_{\text{H}_2}^{\text{eq}} = \frac{\Delta H^\circ}{RT} \cdot \frac{\Delta S^\circ}{R}$$

用 $\ln P_{\text{H}_2}^{\text{eq}}$ 对 $1/T$ 作图,拟合获得的斜率为 $\Delta H^\circ/R$,截距为 $-\Delta S^\circ/R$。

计算获得 $\Delta H^\circ = 31.29$ kJ/mol,$\Delta S^\circ = -89.34$ J/(mol·K)。

(3) 将该反应焓和反应熵数据代入 van't Hoff 方程,

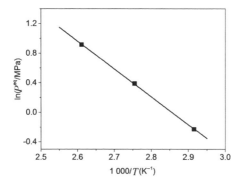

图 1-23　LaNi$_5$ 合金 $\ln P_{H_2}^{eq}$-1000/T 图

$$\ln P_{H_2}^{eq} = \frac{31.29 \times 1\,000}{8.314 \times 298} - \frac{89.34}{8.314}$$

得 298 K 下平台压为

$$P_{H_2}^{eq} = 0.152 \text{ MPa}$$

例题 1-2　NdNi$_5$-H 在 10 MPa 下的相图如图 1-24 所示,请问

(1) 该体系中主要的储氢相是什么? 不变量反应有哪些?

(2) 当吸氢温度分别为 20℃ 和 50℃ 时,对应的氢化物有哪些?

(3) 在 20℃,当吸氢量达到 x(H)=0.3 时,对应的物相和含量分别是多少?

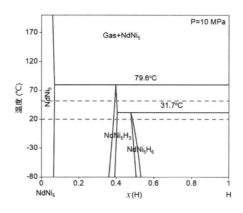

图 1-24　NdNi$_5$-H 体系的截面相图

　　解:(1) 该体系中的主要储氢相是 NdNi$_5$, 对应的氢化物有 NdNi$_5$H$_3$、NdNi$_5$H$_6$。不变量反应:

① 2NdNi$_5$ + 3H$_2$ ⟷ 2NdNi$_5$H$_3$,反应温度为 79.6℃

② 2NdNi$_5$H$_3$ + 3H$_2$ ⟷ 2NdNi$_5$H$_6$,反应温度为 31.7℃

(2) 在图 1-25 中作 20℃ 和 50℃ 的等温线,可以看到,在 20℃ 时随着氢含量

的增加,可以形成 $NdNi_5H_3$ 和 $NdNi_5H_6$ 两种氢化物;而温度升高至 50℃ 时,将只有一种氢化物 $NdNi_5H_3$ 可以形成。继续长时间也将不会形成 $NdNi_5H_6$,因为该温度已经高于 $NdNi_5H_6$ 的分解温度。

(3) 首先找出 $T=20℃$,$x(H)=0.3$ 处所对应相图的相区为 $NdNi_5$ 和 $NdNi_5H_3$ 的两相区,所以此时样品中含有的物相为两相共存。

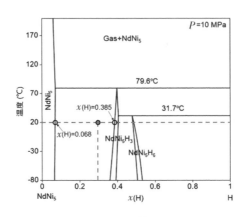

图 1-25 $NdNi_5$-H 体系的截面相图

两相区各物相的含量通过杠杆定律计算,首先分别找到两相区边界处各物相中对应的氢的含量,分别为 0.068 和 0.385。则

$$f_{NdNi_5} \cdot (x_0 - x_{NdNi_5}) = f_{NdNi_5H_3} \cdot (x_{NdNi_5H_3} - x_0) \qquad (1-8)$$

即

$$f_{NdNi_5} \cdot (0.3 - 0.068) = f_{NdNi_5H_3} \cdot (0.385 - 0.3) \qquad (1-9)$$

而

$$f_{NdNi_5} + f_{NdNi_5H_3} = 1 \qquad (1-10)$$

通过式(1-9)和(1-10)可以计算出:

$$f_{NdNi_5} = 26.8 \text{ mol}\%$$

$$f_{NdNi_5H_3} = 73.2 \text{ mol}\%$$

本 章 习 题

1. 简述金属与氢反应的类型有哪几类,生成的金属氢化物分为哪几种类型,分别对应的吸放氢反应特点是什么?

2. 图 1-26 为 $NdNi_5$ 和 $NdNi_5H_3$ 在 20℃时的 Gibbs 自由能曲线,试通过化学势相等法画出对应的氢的化学势,以及求该两相平衡时的平衡氢压方法。

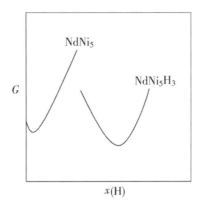

图 1-26 20℃时 NdNi₅ 和 NdNi₅H₃ 的 Gibbs 自由能曲线示意图

3. 图 1-27 为 Y-Mg-Ni 体系 400℃的等温截面相图,请写出序号 1~13 所标示的相平衡。

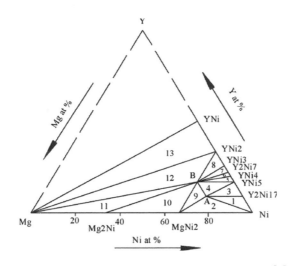

图 1-27 400℃下 Y-Mg-Ni 体系的等温截面相图[35]

参考文献

[1] 大角泰章.金属氢化物的性质与应用[M].北京:化学工业出版社,1990.

[2] Senoh H,Takeichi N,Takeshita H T,et al Hydrogenation properties of RNi₅(R:rare earth)intermetallic compounds with multi pressure plateaux[J]. Materials Transactions, 2003,44(9):1663-1666.

[3] Richter D,Hempelmann R,Schönfeld C. Study of the hydrogen jump geometry in an

α-LaNi$_5$H$_x$ single crystal using quasi-elastic neutron scattering [J]. Journal of the Less Common Metals, 1991, 172: 595 – 602.

[4] Brodowsky H, Yasuda K. From partition function to phase diagram-statistical thermodynamics of the LaNi$_5$-H system [J]. Zeitschrift Fur Physikalische Chemie-international Journal Of Research In Physical Chemistry & Chemical Physics, 1993, 179: 45 – 55.

[5] Furrer A, Fischer P, Hilg W, Schlapbach L. Proceedings of the international symposium on hydrides for energy storage [J]. In A. F. Andresen and A. J. Maeland, Eds. , 1978, P73.

[6] Hill B. An introduction to statistical thermodynamics [M], Addison-Wesley Publishing Company, 1960.

[7] Luo Q, Chen S L, Zhang J Y, et al. Experimental investigation and thermodynamic assessment of Nd-H and Nd-Ni-H systems [J]. Calphad, 2015, 51: 282 – 291.

[8] Mintz M H, Hiershler D, Hadari Z. Systematic study of the h. c. p. ⇌ f. c. c. transitions in the heavier LnH$_2$-LnH$_3$ systems [J]. Journal of the Less Common Metals, 1976, 48(2): 241 –249.

[9] Cai Q, Gu Q, Shi Y, et al. Abnormal Thermal Expansion and Contraction in the Polymorphic Mg$_2$NiH$_4$ Composites [J]. Journal of Materials Science & Technology, under review (2021).

[10] 胡子龙. 贮氢材料 [M]. 北京:化学工业出版社, 2002.

[11] Biris A, Bucur R V, Ghete P, et al. The solubility of deuterium in LaNi$_5$ [J], Journal of the Less Common Metals, 1976, 49: 477 – 482.

[12] Sandrock G. A panoramic overview of hydrogen storage alloys from a gas reaction point of view [J]. Journal of Alloys and Compounds, 1999, 293 – 295: 877 – 888.

[13] An X H, Gu Q F, Zhang J Y, et al. Experimental investigation and thermodynamic reassessment of La-Ni and LaNi$_5$-H systems [J]. Calphad, 2013, 40: 48 –55.

[14] Hoitsema C, Roozeboom H W B. The Hydrogen-Palladium System [J]. Zeitschrift Fur Physikalische Chemie-international Journal Of Research In Physical Chemistry & Chemical Physics, 1895. 17: 1.

[15] Mcquillan A D. An Experimental and Thermodynamic Investigation of the Hydrogen-Titanium System [J], 1950, 204(1078):309 – 323.

[16] Sandrock G. Hydrogen-Metal Systems. In: Yürüm Y. (eds) Hydrogen Energy System [M]. NATO ASI Series (Series E: Applied Sciences), 1995, vol 295. Springer, Dordrecht.

[17] Manchester F D. Phase Diagrams of Binary Hydrogen Systems [M]. American Society for Metals, Metals Park, Ohio, 2000.

[18] Zhao J C. Methods for Phase Diagram Determination [M]. Elsevier Science, 2007.

[19] Luo Q, Guo Y, Liu B, et al. Thermodynamics and kinetics of phase transformation in rare earth-magnesium alloys: A critical review [J]. Journal of Materials Science & Technology,

2020, 44: 171 – 190.

[20] Frieske H, Wicke E. Magnetic Susceptibility and Equilibrium Diagram of PdH_n [J]. Berichte der Bunsengesellschaft/Physical Chemistry Chemical Physics, 1973, 77(1): 48 – 52.

[21] Huang W, Opalka S M, Wang D, et al. Thermodynamic modelling of the Cu-Pd-H system [J]. Calphad, 2007, 31(3): 315 – 329.

[22] Fu K, Li G, Li J, et al. Study on the thermodynamics of the gadolinium-hydrogen binary system (H/Gd =0. 0 – 2. 0) and implications to metallic gadolinium purification [J]. Journal of Alloys and Compounds, 2016, 673: 131 – 137.

[23] Zeng K, Klassen T, Oelerich W, et al. Critical assessment and thermodynamic modeling of the Mg-H system [J]. International Journal of Hydrogen Energy, 1999, 24 (10): 989 –1004.

[24] Palumbo M, Torres F J, Ares J R, et al. Thermodynamic and ab initio investigation of the Al-H-Mg system [J]. Calphad, 2007, 31(4): 457 – 467.

[25] Königsberger E, Eriksson G, Oates W A. Optimisation of the thermodynamic properties of the Ti-H and Zr-H systems [J]. Journal of Alloys and Compounds, 2000, 299 (1): 148 –152.

[26] Wang K, Kong X, Du J, et al. Thermodynamic description of the Ti-H system [J]. Calphad, 2010, 34(3): 317 – 323.

[27] Palumbo M, Urgnani J, Baldissin D, et al. Thermodynamic assessment of the H-La-Ni system [J]. Calphad, 2009, 33(1): 162 – 169.

[28] Vucht J, Kuijpers F A, Bruning H C A M. Reversible room-temperature absorption of large quantities of hydrogen by intermetallic compounds [J]. Philips Research Report, 1970, 25: 133 – 140.

[29] Dhaou H, Askri F, Ben Salah M, et al. Measurement and modelling of kinetics of hydrogen sorption by $LaNi_5$ and two related pseudobinary compounds [J]. International Journal of Hydrogen Energy, 2007, 32(5): 576 – 587.

[30] Nahm K S, Kim W Y, Hong S P, et al. The reaction kinetics of hydrogen storage in $LaNi_5$ [J]. International Journal of Hydrogen Energy, 1992, 17(5): 333 – 338.

[31] Zeng K, Klassen T, Oelerich W, et al. Thermodynamic analysis of the hydriding process of Mg-Ni alloys [J]. Journal of Alloys and Compounds, 1999, 283(1): 213 – 224.

[32] Reilly J J, Wiswall R H. Reaction of hydrogen with alloys of magnesium and nickel and the formation of Mg_2NiH_4 [J]. Inorganic Chemistry, 1968, 7(11): 2254 – 2256.

[33] Li Q, Luo Q, Gu Q F. Insights into the composition exploration of novel hydrogen storage alloys: evaluation of the Mg-Ni-Nd-H phase diagram [J]. Journal of Materials Chemistry A, 2017, 5: 3848 – 3864.

[34] Zhou H Y, Wang Y C, Yao Q R. The 673 and 1123K isothermal sections (partial) of the phase diagram of the Ce-Mg-Ni ternary system [J]. Journal of Alloys and Compounds,

2006, 407(1): 129 – 131.

[35] Yao Q R, Zhou H Y, Wang Z W. The isothermal section of the phase diagram of the ternary system Y-Mg-Ni at 673K in the region 50 – 100 at. % Ni [J]. Journal of Alloys and Compounds, 2006, 421(1): 117 – 119.

[36] Zhou H Y, Zhang S L, Yao Q R, et al. The isothermal sections of the phase diagram of the Nd-Mg-Ni ternary system at 1123 and 673K (Ni-rich part) [J]. Journal of Alloys and Compounds, 2007, 429(1): 116 – 118.

[37] Li Q, Zhang X, An X H, et al. Experimental investigation and thermodynamic modeling of the phase equilibria at the Mg-Ni side in the La-Mg-Ni ternary system [J]. Journal of Alloys and Compounds, 2011, 509(5): 2478 – 2486.

[38] Wang Z, Luo Q, Chen S L, et al. Experimental investigation and thermodynamic calculation of the Mg-Ni-Y system (Y<50 at. %) at 400 and 500℃ [J]. Journal of Alloys and Compounds, 2015, 649: 1306 – 1314.

[39] Wu K B, Luo Q, Chen S L, et al. Phase equilibria of Ce-Mg-Ni ternary system at 673 K and hydrogen storage properties of selected alloy [J]. International Journal of Hydrogen Energy, 2016, 41(3): 1725 – 1735.

[40] Luo Q, Gu Q F, Zhang J Y, et al. Phase Equilibria, Crystal structure and hydriding/dehydriding mechanism of $Nd_4Mg_{80}Ni_8$ compound[J]. Scientific Reports, 2015, 5: 15385.

[41] Liu C, Zhu Y, Luo Q, et al. A 12R long-period stacking-ordered structure in a Mg-Ni-Y alloy [J]. Journal of Materials Science & Technology, 2018, 34(12): 2235 – 2239.

[42] Li Q, Li Y, Liu B, et al. The cycling stability of the in situ formed Mg-based nanocomposite catalyzed by YH_2[J]. Journal of Materials Chemistry A, 2017, 5(33): 17532 – 17543.

[43] Li Y, Gu Q, Li Q, et al. In-situ synchrotron X-ray diffraction investigation on hydrogen-induced decomposition of long period stacking ordered structure in Mg-Ni-Y system [J]. Scripta Materialia, 2017, 127: 102 – 107.

[44] Zhang Q A, Liu D D, Wang Q Q, et al. Superior hydrogen storage kinetics of $Mg_{12}YNi$ alloy with a long-period stacking ordered phase [J]. Scripta Materialia, 2011, 65 (3): 233 – 236.

[45] Ouyang L Z, Yang X S, Zhu M, et al. Enhanced Hydrogen Storage Kinetics and Stability by Synergistic Effects of in Situ Formed $CeH_{2.73}$ and Ni in $CeH_{2.73}$-MgH_2-Ni Nanocomposites [J]. The Journal of Physical Chemistry C, 2014, 118(15): 7808 – 7820.

[46] Liu J W, Zou C C, Wang H, et al. Facilitating de/hydrogenation by long-period stacking ordered structure in Mg based alloys [J]. International Journal of Hydrogen Energy, 2013, 38 (25): 10438 – 10445.

[47] Luo Q, Gu Q, Liu B, et al. Achieving superior cycling stability by in situ forming NdH_2-Mg-Mg_2Ni nanocomposites [J]. Journal of Materials Chemistry A, 2018, 6 (46): 23308 – 23317.

[48] Liu J, Li K, Cheng H, et al. New insights into the hydrogen storage performance degrada-
tion and Al functioning mechanism of LaNi$_{5-x}$Al$_x$ alloys [J]. International Journal of Hydro-
gen Energy, 2017, 42(39): 24904 - 24914.

第2章 金属氢化物的吸放氢反应动力学

金属氢化物的吸放氢反应是一个典型的气-固相反应,这一复杂的多相反应涉及界面化学反应、传质和传热等过程。吸放氢反应动力学是用化学动力学原理及宏观动力学方法研究合金吸放氢反应的动力学机理,主要研究吸放氢反应过程的机理和速率,讨论反应的具体路径,确定反应速率的控速步骤及其与变量间的具体关系。吸放氢反应动力学研究主要分实验研究和理论研究。由于实验研究方法存在高成本及低效率等缺点,常采用理论与实验相结合的方法对吸放氢反应动力学过程进行研究。理论研究主要根据实验观察到的反应现象,结合现有理论建立描述反应过程的动力学模型,推导反应速率和各个变量间的数学关系。在一般情况下,只要建立的反应动力学模型符合客观实际,则它揭示的动力学规律可适用于不同金属氢化物的吸放氢反应。但是,当建立的吸放氢反应动力学模型缺少某些动力学参数,或模型方程过于复杂难以求解,则不得不对反应提出一些经验性的假设,部分模型参数也需要通过实验进行确定。这导致通过实验确定的反应动力学方程,仅能准确描述特定实验条件范围内的吸放氢反应过程。因此,在研究吸放氢反应动力学时,需要客观认识动力学模型的适用条件,才能获得符合应用条件的动力学研究结果。本章重点介绍一些基本的吸放氢反应动力学模型,讨论这些模型的一般性分析方法,以案例的形式介绍不同体系金属氢化物反应过程动力学研究情况。

2.1 吸放氢反应动力学模型

合金与氢气的可逆吸放氢反应一般可以表示为:

$$H_2(g) + M(s) \underset{de}{\overset{ab}{\rightleftharpoons}} MH_2(s) \qquad (2-1)$$

式中,ab 代表吸氢反应(absorption),de 代表放氢反应(desorption)。以吸氢反应为例,其反应示意图如图 2-1 所示。放氢反应一般是吸氢反应的逆过程。吸氢过程是氢气首先在颗粒表面发生物理吸附;然后进行化学吸附,氢分子解离成氢原子;氢原子通过颗粒表面渗透进入合金的晶格中,形成金属中含氢的 α 固溶体。随着氢浓度的增加,α 固溶体发生相变反应生成 β 氢化物,直至 α 固溶体全部转变成

β氢化物。根据合金的吸氢压力-成分-温度(PCT)曲线,在一定的温度下,相变反应发生的必要条件是晶格中的实际氢浓度大于反应的平衡氢浓度,宏观表现出的氢气压力大于α、β之间的平衡压。

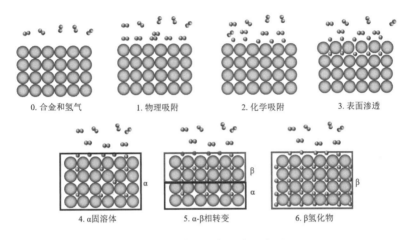

图2-1 合金吸氢反应示意图

α固溶体到β氢化物的相变过程极为复杂。以单个颗粒的吸氢过程为例,当β相形核生长速率较慢时,α/β相界面会产生明显的α和β两相共存区域(如图2-2(a)所示),氢通过β相层扩散到两相共存区发生相变反应;当β相形核生长速率较快时,在α/β相界面无明显的α和β两相共存区(如图2-2(b)所示),氢通过β相层扩散到α/β相界面发生相变反应。因此,合金的吸放氢反应一般可以由下述过程组成[1]:①物理吸附过程;②化学吸附过程;③表面渗透过程;④氢扩散过程;⑤形核长大过程;⑥界面化学反应过程。下文将分别介绍这些过程作为控速步骤时的吸放氢反应动力学模型。

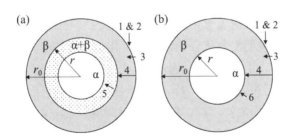

图2-2 合金颗粒的吸氢过程示意图:(a) 存在α和β两相共存区,(b) 无α和β两相共存区

1. 物理吸附过程;2. 化学吸附过程;3. 表面渗透过程;

4. 氢扩散过程;5. 形核长大过程;6. 界面化学反应过程

2.1.1 物理吸附过程

物理吸附过程是指氢气通过分子间作用力或氢键的形式吸附于金属氢化物表面的过程。当氢气物理吸附于固体表面时,会在表面形成单分子层。在吸附单分子层后,被吸附分子还以分子间作用力再吸附第二层、第三层分子,形成多分子吸附层。发生物理吸附时,一般可以通过下式进行描述:

$$H_2(g) + Va(ph) \underset{de}{\overset{ab}{\rightleftharpoons}} H_2(ph) \tag{2-2}$$

式中,$Va(ph)$指在表面空的物理吸附位,$H_2(ph)$指占据物理吸附位的氢分子。

物理吸附的反应动力学是研究物理吸附速率的问题。当发生物理吸附作用时,宏观上看来在一定压力条件下固体表面存在一定量的吸附气体。但是,就个别的分子来说,存在吸附态和脱附态的频繁物质交换。由于反应的进行,物理吸附一般是偏离吸附平衡态的。考虑到物理吸附和脱附过程同时发生在颗粒表面,氢气的物理吸附净速率 v_{ph} 可以表达为:

$$v_{ph} = k_{ab}^{ph}(1-\theta_{ph})P - k_{de}^{ph}\theta_{ph} \tag{2-3}$$

式中,k 为速率常数,θ_{ph} 为物理吸附的表面覆盖率,P 为氢气压力。结合阿伦尼乌斯公式,方程(2-3)可以写成:

$$v_{ph} = k_{ab,0}^{ph} \exp\left(-\frac{E_{ab}^{ph}}{RT}\right)(1-\theta_{ph})P - k_{de,0}^{ph} \exp\left(-\frac{E_{de}^{ph}}{RT}\right)\theta_{ph} \tag{2-4}$$

式中,E 为活化能,R 为气体常数 8.314 J/(mol·K),T 为温度。经典的吸附动力学理论认为,物理吸附不需要活化能。吸氢过程的吸附速率远快于脱附速率时,则吸氢过程中物理吸附的速率可以表达为:

$$v_{ph} = k_{ab,0}^{ph}(1-\theta_{ph})P \tag{2-5}$$

2.1.2 化学吸附过程

化学吸附过程指被吸附氢气通过电子转移、交换或共有的方式与合金表面原子形成化学键或产生表面配位化合物的过程。化学吸附的起因就是被吸附氢气与固体表面原子的化学作用,在吸附过程中发生电子转移、原子重排以及化学键的断裂与形成等过程,包括在固体表面与第一层被吸附的氢气间形成化合物。需要指明的是,固体表面不是均匀的,只有某些部位(如晶格缺陷、晶棱等)才有化学吸附活性,即化学吸附活性位。氢气在固体表面被活性中心吸附后,一个氢气分子会分解成两个氢原子,每一个氢原子会占据一个活性位。这些活性位置被完全覆盖后,表面的化学吸附即达到饱和。

化学吸附过程可以通过下式进行描述:

$$H_2(ph) + 2Va(ch) \underset{de}{\overset{ab}{\rightleftharpoons}} 2H(ch) \qquad (2-6)$$

式中,Va(ch)指在表面空的化学吸附活性位,H(ch)指占据化学活性位的氢原子。化学吸附过程需要活化能,但是活化能一般随表面化学吸附覆盖度 θ_{ch} 的变化而改变。对于完全洁净的表面,活化能很低;而当表面逐渐被覆盖时,活化能增加,吸附速率迅速下降。化学吸附的速率一般可以通过经典的 Elovich 方程进行计算[2]:

$$v_{ch} = k_{ab,0}^{ch} \exp\left(-\frac{E_{ab}^{ch} + a\theta_{ch}}{RT}\right)(1-\theta_{ch})^2 P + k_{de,0}^{ch} \exp\left(-\frac{E_{de}^{ch} + b\theta_{ch}}{RT}\right)\theta_{ch}^2 \qquad (2-7)$$

式中,a 和 b 为与颗粒表面状态有关的系数,θ_{ch} 值一般在 $0\sim1$ 之间。当 θ_{ch} 值较小时,逆向脱附速率较小,式(2-7)中最后一项较小,此时,化学吸附速率方程可以简化为:

$$v_{ch} = k_{ab,0}^{ch} \exp\left(-\frac{E_{ab}^{ch} + a\theta_{ch}}{RT}\right) P \qquad (2-8)$$

当 θ_{ch} 值不大或中等时,式(2-7)中的 $(1-\theta_{ch})$ 和 θ_{ch} 的影响较小,因此,$(1-\theta_{ch})$ 项和 θ_{ch} 项可以近似地归并到常数项 $k_{ab,0}^{ch}$ 和 $k_{de,0}^{ch}$ 中:

$$v_{ch} = k_{ab,0}^{ch} \exp\left(-\frac{E_{ab}^{ch} + a\theta_{ch}}{RT}\right) P + k_{de,0}^{ch} \exp\left(-\frac{E_{de}^{ch} + b\theta_{ch}}{RT}\right) \qquad (2-9)$$

除了经典的 Elovich 方程,也可以将化学吸附速率方程表达成[3]:

$$v_{ch} = \frac{k_{ch}}{r_0}(P - P_{eq}) \qquad (2-10)$$

式中,r_0 为初始颗粒半径。在方程(2-10)中,考虑了粒径和吸放氢平衡压力对化学吸附作为控速步骤时的氢化物吸放氢速率的影响。化学吸附的速率还可以进一步地表达成反应分数 ξ 与粒径、温度、时间 t 的展开式[3]:

$$\xi = \frac{k_{ch,0}}{r_0} \exp\left(-\frac{E}{RT}\right)(P - P_{eq})t \qquad (2-11)$$

2.1.3 表面渗透过程

表面渗透过程是指化学吸附的氢原子跃过表面几个原子层厚度的晶格进入合金内部的过程。氢原子需要脱离化学吸附活性位,然后从表面跃迁进入晶格。因此,这个过程需要有较大的活化能。表面渗透过程可以用下式进行描述:

$$H(ch) \underset{de}{\overset{ab}{\rightleftharpoons}} [H] + Va(ch) \qquad (2-12)$$

式中,[H]代表晶格中的氢。由于金属氢化物与氢的束缚力较强,只有具有较高能量的氢原子才能渗透到合金内部,参与表面渗透的氢原子浓度为 $C_{sur} = k_1\theta_{ch}$。因此,表面渗透的速率表达为:

$$v_{sp} = k_{ab}^{sp} C_{sur} - k_{de}^{sp} C_\beta \qquad (2-13)$$

当表面渗透是控速步骤时，α-β相转变及化学吸附等过程均能较快达到准平衡态。考虑到α-β相转变平衡压力为P_{eq}，可以将表面渗透速率表达成：

$$v_{sp} = \frac{k_{sp}}{r_0}(P^{1/2} - P_{eq}^{1/2}) \tag{2-14}$$

进一步表达成反应分数ξ与粒径、温度的展开式[3]：

$$\xi = \frac{k_{sp,0}}{r_0}\exp\left(-\frac{E}{RT}\right)(P^{1/2} - P_{eq}^{1/2})t \tag{2-15}$$

2.1.4 氢扩散过程

氢扩散过程指从表面渗透进入晶格的氢原子通过外表面β相层扩散进入α/β相界面，或α/β相界面的氢原子通过外表面α相层扩散到颗粒表面的过程。通常使用菲克扩散定律来描述扩散过程。一般情况下，由于β相中的氢浓度较高，其氢原子的扩散系数会远小于α相，氢原子在β相中的扩散成为吸放氢反应控速步骤的可能性更大。

描述氢扩散过程的反应动力学模型较多，常见的模型有 Jander 模型[5]、Ginstling-Brounshtein（G-B）模型[6]、Valensi-Carter（V-C）模型[7]和 Chou 模型[4]等。这些模型都是在氢扩散作为控速步骤时推导出来的，且均假设吸放氢反应的温度和压力恒定。这几种常见的氢扩散过程反应动力学模型简单介绍如下。

1. Jander 模型

对于氢扩散控速的过程，吸放氢反应速率与β相的厚度成比例降低。Jander 模型假设α/β相界面的面积不变（即将三维和二维扩散简化成一维）[5,8]，吸放氢前后的颗粒体积不变，并基于菲克第一扩散定律，将反应速率表达成：

$$\frac{\rho\partial r}{\partial t} = -\frac{D\Delta C}{r_0 - r} \tag{2-16}$$

式中，ρ为合金密度，D为扩散系数，ΔC为表面和α/β界面的氢浓度差。考虑到球状、柱状和板状颗粒的维度d分别为3、2和1，反应分数ξ可以写成[9]：

$$\xi = 1 - \left(\frac{r}{r_0}\right)^d \tag{2-17}$$

求解联立方程（2-16）和（2-17），得到 Jander 模型的方程展开式：

$$[1 - (1-\xi)^{1/d}]^2 = \frac{2D\Delta C}{r_0^2}t = k_{di}t \tag{2-18}$$

Jander 模型形式非常简单，但是由于氢化物吸放氢反应时，α/β界面的面积是发生变化的，因此，Jander 模型和实际存在一定的偏差。在应用过程中，由于小颗粒的吸放氢过程与假设接近，Jander 模型可以较好地描述这类过程。

2. G–B 模型

G–B 模型在 Jander 模型的基础上,去除了 α/β 界面的面积恒定假设[6,10]。对于二维柱状颗粒:

$$\frac{\rho \partial r}{\partial t} = -\frac{D\Delta C}{r\ln(r_0/r)} \tag{2-19}$$

对于三维球状颗粒:

$$\frac{\rho \partial r}{\partial t} = -\frac{D\Delta C r_0}{(r_0-r)r} \tag{2-20}$$

对式(2-19)和(2-20)分别积分后,二维柱状颗粒和三维球状颗粒的 G–B 模型方程表达式分别为:

$$(1-\xi)\ln(1-\xi)+\xi = \frac{4D\Delta C}{r_0^2\rho}t = k_{di}t \tag{2-21}$$

$$1-\frac{2}{3}\xi-(1-\xi)^{2/3} = \frac{2D\Delta C}{r_0^2\rho}t = k_{di}t \tag{2-22}$$

G–B 模型比 Jander 模型复杂,但是由于它考虑了 α/β 界面的面积变化,G–B 模型比 Jander 模型更加准确。

3. V–C 模型

V–C 模型是在 Jander 模型基础上发展出来的模型[7,11]。该模型考虑了三维球状颗粒吸放氢前后体积变化的情况。方程(2-16)可以修正为:

$$\frac{\rho \partial r}{\partial t} = -\frac{D\Delta C}{r-r^2/\left[zr_0^3+r^3(1-z)\right]^{1/3}} \tag{2-23}$$

式中,z 为合金吸放氢前后的体积膨胀比。V–C 模型的展开式为:

$$\frac{z-\left[1+(z-1)\xi\right]^{2/3}-(z-1)(1-\xi)^{2/3}}{z-1} = \frac{2D\Delta C}{r_0^2\rho}t = k_{di}t \tag{2-24}$$

V–C 模型比 Jander 和 G–B 模型更为准确,但是它的形式也更为复杂。目前,未见 V–C 模型应用与金属氢化物吸放氢过程的报道,但其在与吸放氢过程类似的氧化动力学方面得到了应用。

4. Chou 模型

Chou 模型(周国治院士提出)主要聚焦在对广义速率常数 k_{di} 的物理解释[4,9,12-16]。引入活化能 E 来描述温度对速率常数的影响,同时通过压力引入了化学驱动力,最终将氢扩散过程的广义速率常数表达为:

$$k_{di} = \frac{k_{di,0}}{r_0^2}\exp\left(-\frac{E}{RT}\right)(P^{1/2}-P_{eq}^{1/2}) \tag{2-25}$$

与 Jander 模型类似,Chou 模型扩散控速的动力学方程表达式为:

$$\left[1-(1-\xi)^{1/d}\right]^2 = \frac{k_{di,0}}{r_0^2}\exp\left(-\frac{E}{RT}\right)(P^{1/2}-P_{eq}^{1/2})t \tag{2-26}$$

进一步考虑不同维度颗粒的体积膨胀和收缩现象,可以对方程(2-26)进行修正。考虑一维片状颗粒的体积变化时,方程(2-26)可以修正为[9]:

$$\xi^2 = \frac{k_{di,0}}{r_0^2} \exp\left(-\frac{E}{RT}\right) (P^{1/2} - P_{eq}^{1/2}) t \tag{2-27}$$

考虑二维柱状颗粒的体积变化时:

$$\int_0^\xi \left[\frac{z}{1-\xi} - (z-1)\right]^{1/2} d\xi - \xi = \frac{k_{di,0}}{r_0^2} \exp\left(-\frac{E}{RT}\right) (P^{1/2} - P_{eq}^{1/2}) t \tag{2-28}$$

考虑三维球状颗粒的体积变化时:

$$\int_0^\xi \frac{[z-(z-1)(1-\xi)]^{1/3} - (1-\xi)^{1/3}}{3(1-\xi)^{2/3}} d\xi = \frac{k_{di,0}}{r_0^2} \exp\left(-\frac{E}{RT}\right) (P^{1/2} - P_{eq}^{1/2}) t$$

$$\tag{2-29}$$

Chou 模型描述了速率和温度、压力、粒径以及平衡压力之间的函数关系。此外,Chou 模型提出了"特征时间 t_c"的概念,数值等于 $1/k_{di}$,物理意义是描述吸放氢反应达到特定反应分数(如 100%、80% 或 50% 等)时所需要的时间[4]。

2.1.5 形核长大过程

吸放氢反应过程中的形核长大过程指 β 在 α 相中或者 α 在 β 相中形核并生长的过程。由于形核长大过程一般发生在颗粒表面或两相界面的位错、空位、间隙原子富集区,其能量比其他区域高,在这些区域形核所需要的能量较小,形核过程容易发生。一般典型的形核长大过程可以分为三个阶段,生成相的反应分数和时间的关系通常呈 S 型曲线:

(1) 诱导期:即新相晶核形成的初始阶段。此时晶核形成速率与固体反应物晶格完整性有很大关系。由于颗粒表面及缺陷等易形核位置的数量有限,且最初形成三维晶核阶段非常困难,所以诱导期表现出来的反应速率通常较小。

(2) 加速期:即晶体生长或界面扩展阶段。随着三维晶核的形成,新相晶体不断长大,两相界面增大。此时,由于界面面积的增加而自动加速进行。

(3) 减速期:即新相前沿界面汇合阶段。随着新相的生长,界面迅速增加,反应速率也增加至最大。此时,从不同位置发展起来的反应界面会相互汇合碰撞,反应继续向反应物内部发展时,反应界面开始缩小,反应速率下降,直至相变反应完成。

一般使用 Jonhson-Mehl-Avrami-Kolomogorov(JMAK)模型描述形核、长大和碰撞的过程。

1. 经典 JMAK 模型

新相形核速率 $I(\tau)$ 可以通过恒定形核数目或恒定的形核速率描述[17]:

$$I(\tau) = N_0\delta(\tau - 0) \qquad (2-30)$$

$$I(\tau) = I_0\exp\left(-\frac{E_n}{RT}\right) \qquad (2-31)$$

式中,τ 为时间,N_0 为形核数目,$\delta(\tau-0)$ 为单位脉冲函数,I_0 为本征形核速率常数,E_n 为形核激活能。新相生长过程可以通过下式描述[17]:

$$V(\tau) = \left[G_0\int_\tau^t\exp\left(-\frac{E_g}{RT}\right)\mathrm{d}\eta\right]^{d/m} \qquad (2-32)$$

式中,G_0 为本征生长速率,E_g 为生长激活能,m 为生长模式参数,d/m 为生长因子。假设随机形核和各向同性生长,则新相的界面移动可以写成:

$$f(x) = 1 - \exp(x) \qquad (2-33)$$

因此,从恒定形核数目或恒定的形核速率推导出的反应分数分别可以写成:

$$\xi = 1 - \exp\left\{-N_0\left[G_0\int_0^t\exp\left(-\frac{E_g}{RT}\right)\mathrm{d}\eta\right]^{d/m}\right\} \qquad (2-34)$$

$$\xi = 1 - \exp\left\{-\int_0^t I_0\exp\left(-\frac{E_n}{RT}\right)\left[G_0\int_\tau^t\exp\left(-\frac{E_g}{RT}\right)\mathrm{d}\eta\right]^{d/m}d\tau\right\} \qquad (2-35)$$

在等温条件下,方程(2-34)和(2-35)可以写为:

$$\xi = 1 - \exp\left\{-N_0 G_0^{d/m}\exp\left(-\frac{E_g d/m}{RT}\right)t^{d/m}\right\} \qquad (2-36)$$

$$\xi = 1 - \exp\left\{-I_0 G_0^{d/m}\frac{1}{1+d/m}\exp\left(\frac{-E_n - E_g d/m}{RT}\right)t^{1+d/m}\right\} \qquad (2-37)$$

方程(2-36)和(2-37)均可以简化成:

$$\xi = 1 - \exp(-k_{ng}t^n) \qquad (2-38)$$

式中,n 为 Avrami 指数,一般情况下 $n \geqslant 0.5$。方程(2-38)即为经典 JMAK 模型的方程形式,在金属氢化物吸放氢过程中得到了广泛应用,其展开式可以写为:

$$[-\ln(1-\xi)]^{1/n} = (k_{ng})^{1/n}t \qquad (2-39)$$

或

$$\ln[-\ln(1-\xi)] = n\ln t + \ln k_{ng} \qquad (2-40)$$

形核生长过程中的控速环节一般通过 n 值的大小进行确定。表 2-1 给出了不同 n 值情况下的控速环节。

值得注意的是形核长大过程由于同时涉及新相形核与新相长大,必然同时涉及氢原子和非氢原子的扩散和 α/β 相界面迁移等一系列过程。因此,此处的扩散包括了氢和非氢原子的扩散,而第 2.1.4 节的氢扩散控速仅指氢原子在氢化物相层中的扩散,两者并不完全相同。

表 2 - 1 　Avrami 指数(n)值对应的控速环节[18]

控速环节	生长维度	n 值	
		恒定形核数目	恒定形核速率
扩散	1	1/2	3/2
	2	1	2
	3	3/2	5/2
界面移动	1	1	2
	2	2	3
	3	3	4

2. 形核指数(Nucleation Index)结合的 JMAK 模型(NI - JMAK)

NI - JMAK 模型是在经典 JMAK 模型的基础上,考虑了形核自催化作用[16,19]。新相形核速率采用连续形核假设[20]:

$$I(\tau) = \frac{\partial}{\partial \tau} \left[\int_0^\tau I_0 \exp\left(-\frac{E_n}{RT}\right) \mathrm{d}\eta \right]^c \qquad (2-41)$$

式中,c 为形核指数,代表形核的自催化作用。NI-JMAK 模型原始的展开式为:

$$\xi = 1 - \exp\left\{ -\int_0^t \frac{\partial}{\partial \tau} \left[\int_0^\tau I_0 \exp\left(-\frac{E_n}{RT}\right) \mathrm{d}\eta \right]^c \left[G_0 \int_\tau^t \exp\left(-\frac{E_g}{RT}\right) \mathrm{d}\eta \right]^{d/m} \mathrm{d}\tau \right\}$$

$$(2-42)$$

通过引入第一类欧拉积分函数(Beta 函数),NI - JMAK 模型在等温条件下的展开式为:

$$\xi = 1 - \exp\left\{ -k_{ng,0}^{c+d/m} \mathrm{Beta}\left(c, \frac{d}{m}+1\right) \exp\left(\frac{-cE_n - \frac{d}{m}E_g}{RT}\right) t^{c+d/m} \right\} \quad (2-43)$$

当考虑饱和形核时,NI - JMAK 模型在等温条件下的展开式为:

$$\xi = 1 - \exp\left\{ -k_{ng,0}^{d/m} \exp\left(-\frac{E_g d/m}{RT}\right) t^{d/m} \right\} \qquad (2-44)$$

NI - JMAK 模型给出了 5 个独立的自变量来描述等温条件下的形核长大过程。由于该模型相对较新且过于复杂,在金属氢化物吸放氢反应中的应用相对较少。

2.1.6　界面化学反应过程

由于新相在两相界面处的形核生长速率较快,新相晶界快速汇合形成明显的 α/β 相变反应的前沿界面。界面化学反应过程指发生在前沿界面的反应,通常采用下式描述该过程:

$$[H](\alpha/\beta) + M(\alpha/\beta) \underset{de}{\overset{ab}{\rightleftharpoons}} MH(\alpha/\beta) \qquad (2-45)$$

$[H](\alpha/\beta)$ 指 α/β 界面处氢原子，$MH(\alpha/\beta)$ 指 α/β 界面处形成的金属氢化物。随着界面化学反应的进行，界面会不断地向反应物内部移动。描述该界面化学反应过程的模型主要有 Contracting Volume(CV) 模型、Chou 模型等。

1. CV 模型

CV 模型将化学反应简化成恒定界面移动问题，假设 α/β 相界面以恒定速率移动[21]：

$$\frac{\partial r}{\partial t} = -k_{int} \qquad (2-46)$$

式中，k_{int} 为界面移动速率。联立上式和方程(2-17)并积分，得到 CV 模型的方程展开式：

$$1-(1-\xi)^{1/d} = \frac{k_{int}}{r_0}t = k_{cr}t \qquad (2-47)$$

式中，k_{cr} 为界面化学反应的速率常数。

2. Chou 模型

Chou 模型通过下式描述化学反应控速时的界面化学反应过程[4]：

$$1-(1-\xi)^{1/d} = \frac{k_{cr,0}}{r_0}\exp\left(-\frac{E}{RT}\right)(P^{1/2} - P_{eq}^{1/2})t \qquad (2-48)$$

对比 CV 模型和 Chou 模型，它们的动力学方程的形式基本一致。相对于 CV 模型，Chou 模型将速率常数 k_{cr} 展开成温度、粒径、压力和平衡压的函数关系，赋予了模型更多的物理意义。

2.2 动力学分析方法

在获得金属氢化物吸放氢反应动力学实验数据的基础上，需要采用不同控速步骤的动力学方程对数据进行拟合计算。根据拟合结果并结合文献资料中相关体系的研究工作，分析金属氢化物在不同氢压力、温度和粒径条件下的吸放氢动力学机理，确定控速步骤以及活化能、速率常数等动力学参数，获得反应速率与相关影响因素的解析表达式。

2.2.1 动力学数据分析流程

在获得反应分数 ξ 和时间 t 的实验数据后，运用动力学模型对实验数据进行分析，分析的流程如图 2-3 所示。在实际的金属氢化物吸放氢过程中，绝大部分由化学吸附、表面渗透、氢扩散、形核长大或界面化学反应过程控速。动力学方程可以写成如下的通式：

$$f(\xi) = kt \qquad (2-49)$$

式中，$f(\xi)$取决于控速步骤。在数据分析软件（如 OriginPro）中绘制 $f(\xi)\text{-}t$ 的散点图，然后对 $f(\xi)\text{-}t$ 进行线性拟合。利用相关系数和相对偏差判断拟合结果的准确性，若拟合结果和实验结果符合较好，判断出吸放氢反应的控速步骤。在确定控速步骤后，对不同温度、压力和粒径下的动力学实验数据进行拟合处理，得到相对应的速率常数 k 值。速率常数通过下式进行计算：

$$k = k_0 \exp\left(-\frac{E}{RT}\right) h(r_0) g(P, P_{eq}) \qquad (2-50)$$

式中，$h(r_0)$ 和 $g(P, P_{eq})$ 是粒径项和压力项，具体形式取决于控速步骤。因此，基于拟合得到的速率常数，结合阿伦尼乌斯方程计算活化能 E，作压力和速率常数的曲线图以确定压力项表达式 $g(P, P_{eq})$，作粒径和速率常数的曲线图以确定粒径项表达式 $h(r_0)$，最终确定常数 k_0 值。

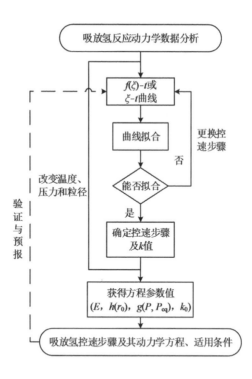

图 2-3　金属氢化物吸放氢反应动力学实验数据分析流程

　　有些合金在不同氢浓度范围内的控速步骤会发生变化。由于控速步骤不同时的 $f(\xi)$ 形式有所不同，若仍使用 $f(\xi)\text{-}t$ 线性拟合的方法处理动力学数据，就会存在多段拟合结果无法在同一张图片中直观呈现的问题。此时,可以采用$\xi-t$的形式处理动力学数据,如图2-4所示。上述的动力学模型中大部分可以转换成$\xi=f(t)$的形式。拟合采用数据分析软件中的非线性拟合功能进行分段拟合,将一条完整的$\xi-t$曲线分三段进行处理。第1段和第3段一般可以通过拟合结果确定各自的控速步骤,而第2段为过渡区,其控速步骤为混合控速。当过渡区较小时,可以不考虑其影响;当过渡区较大时,结合第1段和第3段的速率v_1和v_3,可以将混合控速的速率v_2通过下式计算:

$$v_2 = \frac{1}{1/v_1 + 1/v_3} \qquad (2-51)$$

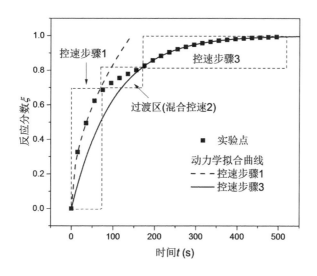

图2-4 采用反应分数与时间的曲线判断控速步骤

可采用另外一种方法判断控速步骤随反应分数的变化情况。分析速率$\partial\xi/\partial t$与反应分数ξ的关系,如图2-5所示。根据第2.1节中不同控速步骤的动力学方程,可以对其求偏导获得$\partial\xi/\partial t$与ξ的函数关系。已知活化能及速率常数等动力学参数值,可以画出不同控速步骤对应的$\partial\xi/\partial t-\xi$曲线。对于化学吸附或表面渗透控速的吸放氢反应,其速率不随反应分数的变化而变化,因此,$\partial\xi/\partial t-\xi$关系是一条直线。对于氢扩散控速的反应,其速率随着反应分数的增加而逐渐下降,为半凹状曲线。对于形核长大控速的反应,速率先增后减,其曲线呈完整的凸状,但是形状会随着n值的不同而有所差异。对于界面化学反应控速的反应,其速率也是随着反应分数的增加而逐渐下降,但是其曲线为半凸状。将实验值和画出的$\partial\xi/\partial t-\xi$曲线进行对比,发现在$\xi<0.2$时为形核长大控速($n=3$),在$\xi>0.2$时转变为氢扩散控速。因此,这种方法可以较为直观地判断不同反应分数值下的控速步骤。

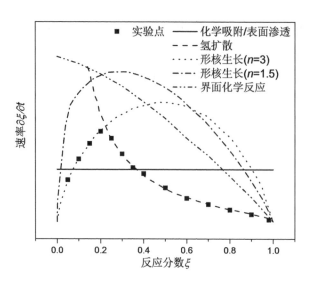

图 2-5 采用速率与反应分数的曲线判断控速步骤

2.2.2 动力学影响因素分析方法

金属氢化物吸放氢过程除了与反应体系的成分、温度、压力、粒径和催化剂有关,还与反应器的尺寸和形状、反应物的物理性质、反应界面积大小及界面形状等多种因素有关系。描述合金氢化反应动力学过程机理,即是探究反应动力学三因子(反应动力学模型、速率常数和反应活化能)。对于某一特定的储氢合金氢化反应,各种影响因素诸如成分、温度、压力、粒径和催化剂,对吸放氢反应的作用机制可以以一定的方式进行分析。

1. 温度的影响

由于金属氢化物的吸氢和放氢反应分别是放热和吸热过程,温度对反应速率的影响较大。阿伦尼乌斯根据大量的实验数据,提出了速率常数 k 和温度 T 的关系式,即经典的阿伦尼乌斯方程:

$$k = A\exp\left(-\frac{E}{RT}\right) \tag{2-52}$$

式中,A 为指前因子。对上式取对数得:

$$\ln k = -\frac{E}{RT} + \ln A \tag{2-53}$$

方程(2-53)表明 $\ln k$ 和 $1/T$ 存在线性关系,直线的斜率为$-E/R$,截距为 $\ln A$,如图 2-6 所示。一般情况下,活化能为正值。因此,在其他条件相同情况下,吸放氢反应的速率随着温度的增加而增加。由于温度增加,吸放氢反应的平衡压也相对增加,因此,这里的条件相同包括化学驱动力相近,即方程(2-50)中 $g(P,$

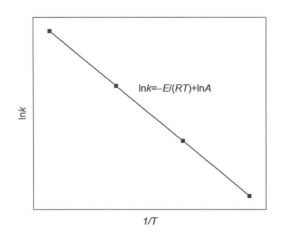

$$\ln k = -E/(RT) + \ln A$$

图 2 - 6　阿伦尼乌斯曲线示意图

P_{eq})项的值接近。否则可能会出现温度增加,吸氢速率反而下降的情况。

为了准确获得不同温度下合金的吸放氢动力学数据,避免合金吸放氢热效应对动力学测试的影响,一般通过特殊设计的微型反应器加速热量传递,或加入不与氢化物反应的金属作为热量稳定剂,使得合金吸放氢动力学测试时的温度基本稳定。测试时为了避免不同温度下平衡压差异对压力驱动力的影响,可以固定实验时压力与平衡压比值或差值,或者在远离平衡压的压力下测试。

2. 压力的影响

α-β 相变的驱动力在于氢浓度和平衡氢浓度的差,宏观表现为氢气压力和平衡氢压力的差异。因此,对于吸氢过程,压力越大吸氢速率越快。对于放氢过程,压力越小放氢速率越快。值得注意的是,若吸氢压力低于 α-β 相变的平衡压力,吸氢只发生于氢的固溶而不发生相变过程。当吸氢压力远大于 α-β 相变的平衡压力,颗粒表面会快速发生相变过程,生成 β 氢化物。因此,不同压力下的控速步骤会有所不同。速率常数和压力、平衡压的关系可用下面的通式描述:

$$k = k_0 g(P, P_{eq}) \tag{2-54}$$

式中,$g(P, P_{eq})$为压力项表达式。根据上文 2.1 节的吸放氢动力学模型,物理吸附和化学吸附控速的动力学方程以及 Chou 模型均给出了速率和压力的关系,其余的模型均未给出速率和压力的关系。在实际动力学分析过程中,为了确定 $g(P, P_{eq})$的具体形式,需要在相同温度下,测试不同压力值下的吸放氢动力学曲线。然后根据拟合得到的速率常数值,作速率常数和压力的曲线,如图 2 - 7 所示。常见的速率常数和压力的关系有:P、P^2、$P - P_{eq}$、$(P - P_{eq})/P_{eq}$、$\ln(P/P_{eq})$、$P^{1/2} - P_{eq}^{1/2}$等。在确定压力项表达式时,一般要求在该压力范围内的控速步骤保持一致,因此,通过实验确定的压力项表达式一般只适用于特定的压力范围。

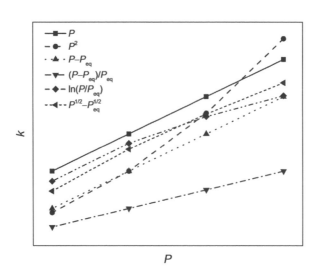

图 2-7　速率常数和压力曲线的示意图

3. 粒径的影响

一般在温度、压力等条件不变的情况下,随着反应物粒径的减小,比表面积增加,反应及扩散截面增加,吸放氢反应速率越快。速率常数和粒径的关系使用通式描述:

$$k = k_0 h(r_0) \qquad (2-55)$$

对于不同的控速步骤,粒径的影响也不同:对于物理吸附、化学吸附、表面渗透、界面化学反应等过程,$h(r_0)$ 的表达式一般为 $1/r_0$;对于氢扩散过程,$h(r_0)$ 的表达式一般为 $1/r_0^2$,如图 2-8 所示。值得注意的是,对于形核长大过程,粒径的影响没

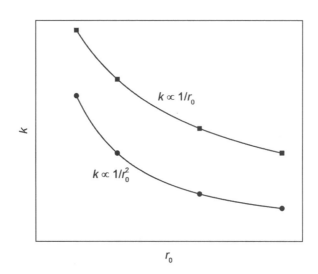

图 2-8　速率常数和粒径曲线示意图

有明确关系,一般需要结合实验结果进行判断,而由于合金粒径的不同,反应机理可能会发生变化,导致控速步骤不同。因此,在判断粒径影响时,同时需要考虑控速步骤的影响。

需要指出的是,实际的粉末粒径呈一定的分布。在平均粒径相同的条件下,粒径分布越集中对反应速率越是有利。因此,设法缩小粒径的分布,避免少量较大粒径的颗粒存在而显著延缓反应的进程。

4. 催化剂的影响

能改变化学反应速率,而其本身的质量和化学组成在反应前后保持不变的物质被称为催化剂。催化剂改变反应速率的作用称为催化作用。通常将能够加快化学反应速率的催化剂称为正催化剂,能减缓化学反应速率的催化剂称为负催化剂。有些反应的产物本身就能作为反应的催化剂,从而使得反应自动加快,这种催化剂称为自催化剂。

在金属氢化物吸放氢过程中,添加的催化剂由于表面的凹凸不平造成表面价键的不饱和,特别是棱角等突出位置能量较高,进而增加化学吸附活性位点或形核质点,降低吸放氢过程的活化能,使得吸放氢动力学性能得到改善。一般有 4 种催化机制解释动力学性能的改善:氢泵效应、溢流效应、通道效应和电子转移。氢泵效应是指掺杂的过渡金属在吸放氢过程中会与氢原子形成氢化物,氢优先通过掺杂相形成氢化物放出,从而削弱氢化物的稳定性,改善放氢动力学性能。溢流效应是指氢气优先在催化剂表面化学吸附并解离,然后氢原子从催化剂表面转移到反应物表面,促进反应进行。通道效应是指催化剂在吸放氢过程中充当氢原子快速扩散的通道,可以促进氢原子的迁移。电子转移是指具有变价的催化剂通过得失电子来促进氢气的化学吸附和脱附过程,从而改善氢化物的形成和分解。

由于催化作用一般会降低吸放氢反应的活化能,可以通过动力学方程来辅助揭示其催化过程的动力学机理。例如,对于氢扩散控速的吸氢过程,催化剂的加入明显改善了活化能,这可以排除溢流效应和电子转移机制的作用。结合其他的实验和理论进一步分析,可以确定相应的催化机制。

2.3 金属氢化物吸放氢反应动力学的解析案例

由于金属氢化物的吸放氢过程较为复杂,不同成分和结构的金属氢化物吸放氢动力学机理并不相同,且制备方法、粉末颗粒状态、催化剂、吸放氢条件等因素均会影响动力学过程,进而可能会引起控速步骤及活化能的不同,甚至出现相同体系的金属氢化物吸放氢机理出现矛盾的情况。因此,目前的动力学模型均无法完全解释吸放氢机理,仍需其他的辅助实验进行机理研究。本章节就目前常见的 AB_5、

AB$_2$、AB 和镁基材料,介绍其吸放氢动力学机理的研究情况。

2.3.1 AB$_5$ 型金属氢化物

LaNi$_5$ 是典型的 AB$_5$ 型合金,其在不同吸氢压力和平衡压的压力差 dP 下的氢浓度曲线如图 2-9(a)所示[22],最大氢浓度随着 dP 的增加而增加。根据界面化学反应控速的 CV 模型,取 d 为 3,作 $1-(1-\xi)^{1/3}$ 和 t 曲线,如图 2-9(b)所示。发现 $1-(1-\xi)^{1/3}$ 和 t 呈线性关系,拟合系数 R^2 均在 0.98 以上,其拟合的斜率值即为速率常数。因此,断定 LaNi$_5$ 合金的吸氢反应为界面化学反应过程控速。随着 dP 从 200 kPa 减少到 50 kPa,其速率常数 k_{cr} 分别为 0.014 57,0.007 68 和 0.004 61 s^{-1}。合金在 323 K 下的平衡压 P_{eq} 约为 530 kPa,假设吸氢压力的影响符合 $\ln(P/P_{eq})$ 关系,作 k_{cr} 和 $\ln(P/P_{eq})$ 的关系,如图 2-10(a)所示。观察 303 K,323 K 和 353 K 温度下的 k_{cr} 和 $\ln(P/P_{eq})$ 曲线,发现 k_{cr} 和 $\ln(P/P_{eq})$ 呈现线性关系,这表明 LaNi$_5$ 合金的吸氢反应动力学方程中压力项表达式为 $\ln(P/P_{eq})$。因此,LaNi$_5$ 吸氢反应的动力学方程为:

$$1-(1-\xi)^{1/3} = k'_{cr}\ln(P/P_{eq})t \qquad (2-56)$$

假设温度的影响符合阿伦尼乌斯方程,$k'_{cr} = k_{cr,0}\exp\left(-\dfrac{E}{RT}\right)$。作 $\ln k'_{cr}$ 和 $1/T$ 的曲线,如图 2-10(b)所示。根据线性拟合结果的斜率和截距,计算的活化能 E 为 32.19 kJ/mol,常数 $k_{cr,0}$ 为 507.75 s^{-1}。因此,LaNi$_5$ 合金吸氢动力学方程可以写成:

$$1-(1-\xi)^{1/3} = 507.75\exp\left(-\frac{3\,019.74}{T}\right)\ln(P/P_{eq})t \qquad (2-57)$$

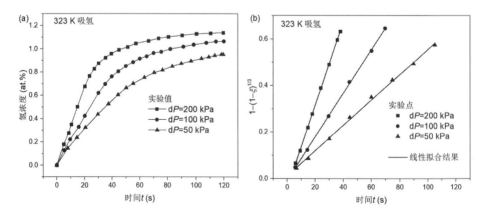

图 2-9　(a) LaNi$_5$ 合金不同压力差 dP 下的氢浓度曲线[22];(b) $1-(1-\xi)^{1/3}$ 和 t 曲线

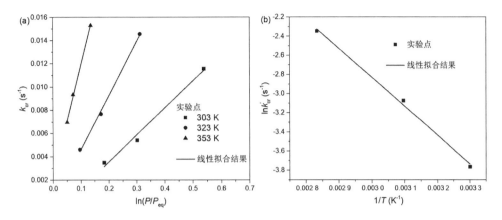

图 2-10 (a)LaNi$_5$ 合金吸氢反应的 k_{cr} 和 ln(P/P_{eq})曲线；(b)阿伦尼乌斯曲线

但是，由于合金的制备方法、粒径和表面形貌、杂质含量、吸放氢测试条件等均会影响合金的吸放氢反应动力学过程，因此，不同的研究人员对于 LaNi$_5$ 合金的吸放氢控速步骤的判断有所不同。表 2-2 给出了部分 LaNi$_5$ 合金吸氢反应动力学的研究结果。虽然 LaNi$_5$ 合金的成分相同，但是不同研究者确定的合金吸氢控速步骤及活化能有所不同。

表 2-2　LaNi$_5$ 合金吸氢过程的相变反应机理及活化能

序号	操作条件	动力学模型	机理	活化能 (kJ/mol)	参考文献
1	288～353 K, <1 MPa	CV	界面化学反应	32.2	[22]
2	273～363 K, 0.5 MPa	/	形核长大	31.8	[23]
3	333～338 K, 2 MPa	/	化学吸附和氢扩散混合	/	[24]
4	298～323 K, P_r=2-5	JMAK (n=1)	形核长大(一维扩散)	27	[25]
5	298～313 K, P_r=2-5	JMAK (n=1)	形核长大(一维扩散)	30～40	[26]
6	303～333 K, P_r=2	Jander	氢扩散	27.7	[27]
7	303 K, 0.6～1 MPa	Chou	氢扩散	/	

注：P_r 为压力和平衡压的比值。

合金元素取代会改变 AB$_5$ 合金的吸放氢反应控速步骤及活化能。LaNi$_{5-x}$Al$_x$ 合金是常见三元 AB$_5$ 合金。随着 Al 含量的增加，LaNi$_{5-x}$Al$_x$ 合金的吸氢活化能从 LaNi$_5$ 合金的 31.34 kJ/mol 增加到 LaNi$_{4.7}$Al$_{0.3}$ 合金的 36.80 kJ/mol[28]；LaNi$_5$ 和 LaNi$_{4.7}$Al$_{0.3}$ 的吸氢反应为氢扩散控速，但是 LaNi$_4$Al 变成了表面渗透控速[14]。此

外,由于 La 的成本过高,可以采用混合稀土 Mm 取代 La 元素。对于 MmNi$_5$ 合金,采用 $\partial\xi/\partial t$ 与 ξ 的曲线判断 MmNi$_5$ 合金的控速步骤,发现其吸氢反应的控速步骤随着压力和反应分数的变化而发生变化[3,29],如图 2-11 所示。在 MmNi$_5$ 吸氢反应的初期($\xi<0.35$),当吸氢压力 P 较低且接近 1 MPa 的平衡压时($P\leqslant1.5$ MPa),MmNi$_5$ 的吸氢控速步骤为表面渗透过程,而当吸氢压力继续升高,控速步骤转变为形核长大过程($n\approx1.55$)。随着反应分数的进一步增加($\xi>0.4$),控速步骤从表面渗透或形核长大过程转变成氢扩散过程。

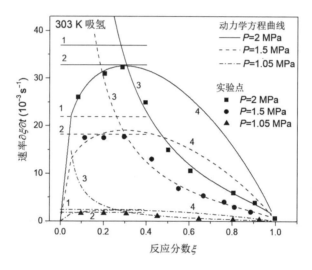

图 2-11 MmNi$_5$ 合金不同吸氢压力下的吸氢速率和反应分数曲线
1. 化学吸附控速;2. 表面渗透控速;3. 氢扩散控速;4. 形核长大控速

2.3.2 AB$_2$ 型金属氢化物

AB$_2$ 型合金具有典型的 Laves 相结构,常见的有 Zr 基、Ti 基等 AB$_2$ 型合金。Zr 基 AB$_2$ 型合金,如 Ti$_{1.02}$Cr$_{1.0}$Fe$_{0.7-x}$Mn$_{0.3}$Al$_x$($0\leqslant x\leqslant0.1$)合金,其放氢过程可以由 $n=1$ 的 JMAK 模型进行描述,判断控速步骤为形核长大过程的一维扩散环节,活化能在 $7.4\sim9.9$ kJ/mol 之间。此外,由于 AB$_2$ 型的合金物相组成较为复杂,存在多个合金氢化物相共存的情况,其吸放氢机理可能随着吸放氢反应的进程发生变化。Zr$_{0.2}$Ho$_{0.8}$Fe$_2$ 合金的吸氢动力学过程存在两个吸氢阶段[31],如图 2-12 所示。虽然这两个阶段可以用 JMAK 模型($n=1$)进行拟合,判断其控速步骤均为形核长大过程的一维扩散环节,但是它们的速率常数和活化能有所不同,活化能分别是 24 kJ/mol 和 2 kJ/mol[31]。

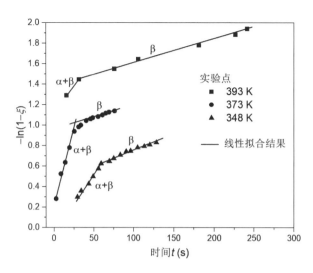

图 2-12　$Zr_{0.2}Ho_{0.8}Fe_2$ 合金不同温度下吸氢反应的 $-\ln(1-\xi)$ 和 t 曲线

2.3.3　AB 型金属氢化物

ZrCo 基合金是典型的 AB 型合金之一,其吸氢反应在 $544\sim603$ K 范围内的控速步骤为形核长大控速,计算的活化能为 120 kJ/mol[32]。表面氟化及镀 Ni 处理的 ZrCo 合金受表面化学吸附控速,但由于氢在表面 Ni 处更易解离,镀 Ni 的 ZrCo 合金吸氢动力学性能得到了明显改善[33]。

元素在 ZrCo 中的掺杂能改善合金的吸放氢性能。Cr 元素的掺杂可以显著缩短合金吸氢反应的初始孕育期和活化时间[34]。在 348 K 和 0.4 MPa 的条件下,孕育期和活化时间分别为 30 s 和 7 715 s,而 $ZrCo_{0.9}Cr_{0.1}$ 合金仅需要 6 s 和 195 s。造成这一现象的原因主要有两方面:一方面是掺杂的 Cr 会形成第二相 $ZrCr_2$,$ZrCr_2$ 对于氢气分解为氢原子的反应有很好的催化作用[35],也能为氢的扩散提供通道[36];另一方面,掺杂 Cr 使合金的脆性增加,减小了氢化物的尺寸并缩短了氢的扩散距离。此外,采用 JMAK 模型对 $ZrCo_{0.9}Cr_{0.05}$ 合金的等温吸氢动力学曲线进行分析,如图 2-13 所示。结果表明,$ZrCo_{0.9}Cr_{0.05}$ 在 373 K 时拟合的 n 值为 2.83,判断吸氢反应由形核长大过程的三维扩散控速。在 348 K 和 323 K 时的 n 值分别为 1.36 和 1.07,显然 $ZrCo_{0.9}Cr_{0.05}$ 的吸氢反应随着温度下降,控速步骤由形核长大的三维扩散控速变为一维扩散控速。

TiFe 是另外一类典型的 AB 型合金,活化困难是 TiFe 合金的主要缺点之一。TiFe 活化过程的吸氢速率和反应分数的曲线如图 2-14(a)所示[37]。在第一次活化时,TiFe 合金吸氢反应第一阶段($\xi<0.3$)的控速步骤为形核长大过程。但是在 $\xi=0$ 时,吸氢速率过快,可能不仅仅是形核长大控速。随着吸氢反应进行,控速步

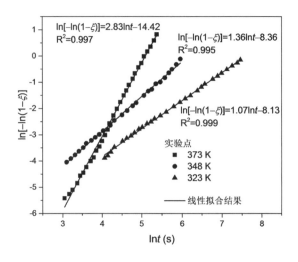

图 2-13 $ZrCo_{0.9}Cr_{0.05}$ 合金在不同温度下吸氢反应的 $\ln[-\ln(1-\xi)]$ 和 $\ln t$ 曲线

骤从形核长大转变成氢扩散过程。在 TiFe 合金吸放氢循环 200 次后，将合金暴露在空气中 10 min，并重新进行活化。发现重新活化时，TiFe 的最大氢浓度会下降，吸氢反应第一阶段发生左移，控速步骤仍旧是形核长大控速，但是趋势更加符合图 2-5 中形核长大控速的曲线。图 2-14(b)给出了 TiFe 合金第一次活化时的速率随压力的变化曲线($\xi=0$)[37]，发现相同温度下的速率与压力呈线性关系，可以判断 $\xi=0$ 时的控速步骤可能是物理吸附或化学吸附。通过不同温度下速率和压力曲线计算 $\xi=0$ 时的活化能为 6.27 kJ/mol，由于物理吸附一般无须活化能，因此，判定 TiFe 第一次活化时，反应的最初期为化学吸附控速，然后转成形核长大以及氢扩散控速。

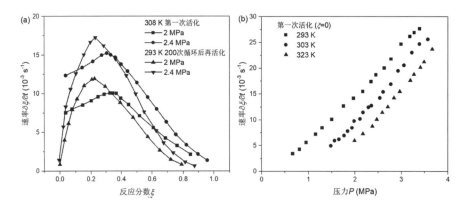

图 2-14 （a）TiFe 合金不同条件下的吸氢速率和反应分数曲线，
（b）TiFe 合金第一次活化时的吸氢速率与压力曲线($\xi=0$)

2.3.4 镁基金属氢化物

纯镁的吸放氢动力学性能较差。通常采用合金化法，或添加催化剂/催化相来改善它的吸放氢动力学性能。对于纯镁本身的吸放氢动力学过程，一般有两种观点，其一认为纯镁的吸氢反应开始是由表面的化学吸附速率控制，而随后由氢扩散控速[38]；另一种观点认为纯镁的吸氢过程由氢在 MgH_2 中扩散控制[39]。而采用合金化或添加催化剂/催化相后的镁基储氢材料通常包含 A_2B、A_2B_7 等结构的物相，其吸放氢过程相对复杂。表 2-3 给出了一些镁基储氢材料的动力学研究结果。

1. 合金化的影响

合金化的方法可以在镁中引入新物相，改变/增加吸放氢的反应路径，显著地降低镁合金的放氢反应活化能及其放氢温度，也可能会改变它的控速步骤。同时合金的制备方法也会对镁合金的吸放氢动力学产生影响。

Mg_2Ni 是二元镁基合金的一个典型代表。Ni 的加入可以大大提高吸放氢速率，放氢温度比纯镁明显降低。Mg_2Ni 的吸氢反应速率与压力呈线性关系，其控速步骤为化学吸附过程，吸氢活化能为 19.6 kJ/mol[40]。

多元镁基合金一般是在镁中添加两种或多种元素，如 Nd、Ni、Ce、Y、La、In 等，以改善镁合金的动力学性能。球磨制备的 $Mg_{18}In_1Ni_3$ 合金，在 553 K 温度下 20 min 内放出 3.8 wt.％的氢，在 493 K 下 10 min 内放出 1 wt.％的氢。采用 JMAK 模型对动力学曲线进行拟合，发现 Avrami 值 n 接近 1，表明合金的放氢控速步骤为形核长大的一维扩散控速，计算的活化能为 107 kJ/mol，远低于纯镁的 160 kJ/mol[41]。Chou 模型、Jander 或 JMAK 模型曾用于系统地研究 Mg-Ni-La[42,43]，Mg-Ni-Ce[44]，Mg-Ni-Nd[45] 等体系合金的吸放氢动力学性能，结果表明：机械合金化法制备的 $LaNiMg_{17}$ 合金动力学性能得到了改善（由于引入了表面缺陷），吸放氢反应控速步骤均为氢扩散控速，吸放氢活化能为 71 kJ/mol[42]，而采用氢化燃烧法制备的 $La_{1.5}Ni_{0.5}Mg_{17}$ 合金的吸氢活化能为 90 kJ/mol[43]；$Nd_4Mg_{80}Ni_8$ 合金的吸氢反应由氢扩散控速，吸氢活化能为 82.3 kJ/mol，而放氢反应由表面渗透控速，放氢活化能为 97.5 kJ/mol[45]。

2. 催化剂/催化相添加的影响

在镁中添加催化剂或催化相，也是常见的改善吸放氢动力学性能的方式。催化剂/催化相主要包括氧化物、复杂氢化物、镧镍化合物等。采用电弧等离子体熔炼方法制备的 $Mg-Y_2O_3$ 和 Mg-Y 复合粉体，$Mg-Y_2O_3$ 可以在 100 s 吸氢 5 wt.％(573 K)，而 Mg-Y 在相同条件下只能吸氢 2.3 wt.％[46]。采用 JMAK 模型对两者的动力学进行研究，得到活化能分别为 79.9 kJ/mol 和 56.2 kJ/mol，而高的指前因子是 $Mg-Y_2O_3$ 吸氢速率较快的原因[46]。不同制备方法得到的 $Mg-LaNi_5$ 复合物的吸氢动力学研究结果表明[47]:①机械合金化法、微波烧结、传统烧结方法制备的 Mg - x wt. ％ LaNi$_5$(x＝10～50)复合物的控速步骤均是氢扩散控速,动力学性能随着 LaNi$_5$ 含量的增加而增强;②机械球磨法制备的 Mg - 30 wt. ％ LaNi$_5$ 为表面渗透控速,而氢化燃烧法和微波烧结制备的合金为氢扩散控速,如图 2 - 15 所示。显然,催化剂或催化相的添加量以及复合物的制备方法对吸放氢速率及动力学机理均会产生影响。

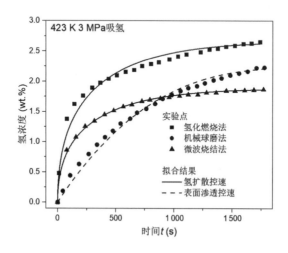

图 2 - 15　不同制备方法获得的 Mg - 30 wt. ％ LaNi$_5$ 的氢浓度与时间曲线

　　总的来说,AB$_5$ 型、AB$_2$ 型、AB 型及镁基储氢材料的吸放氢动力学机理并不完全相同,其与合金的成分、制备方法、粉末颗粒状态、催化剂/催化相的种类和含量、吸放氢测试条件等相关。通常情况下,合金化及催化剂添加会改善合金的吸放氢动力学,减小活化能,但是不一定会改变控速步骤。从目前的研究结果来看,吸放氢过程大多为氢扩散或形核长大过程的扩散控速,这是由于氢原子或合金元素的扩散速率通常小于其他环节。因此,在应用动力学模型研究合金吸放氢动力学过程时,建议先从氢扩散控速的方程(如 Chou 模型、Jander 模型),或形核长大控速的 JMAK 模型开始试探,然后再尝试使用其他控速步骤的方程进行处理。

表 2 - 3　一些镁基储氢材料的动力学研究结果

序号	镁基储氢材料	制备方式	操作条件	动力学模型	机理	活化能(kJ/mol)	参考文献
1	Mg$_{18}$In$_1$Ni$_3$	机械合金化	493～583 K,真空	JMAK(n=1)	形核长大(一维扩散)	107(放氢)	[41]
2	LaNiMg$_{17}$	机械合金化	553～623 K,0.755 MPa	Chou	氢扩散	71(吸氢)	[42]

序号	镁基储氢材料	制备方式	操作条件	动力学模型	机理	活化能 （kJ/mol）	参考文献
3	$La_{1.5}Ni_{0.5}Mg_{17}$	氢化燃烧	523～573 K， 0.755 MPa	Jander	氢扩散	90（吸氢）	[43]
4	$Nd_4Mg_{80}Ni_8$	熔炼	373～623 K，3.4 MPa； 564～620 K，真空	Chou	氢扩散（吸氢）； 表面渗透（放氢）	82.3（吸氢） 97.5（放氢）	[45]
5	$Mg-Y_2O_3$； $Mg-Y$	电弧熔炼	473～573 K，3 MPa	JMAK	/	79.9（吸氢） 56.2（吸氢）	[46]
6	$Mg-30\ wt.\%$ $LaNi_5$	机械合金化； 氢化燃烧	302～423 K， 1 MPa	Chou	表面渗透； 氢扩散	28.0（吸氢） 25.2（吸氢）	[47]
7	$Mg_{80}Ce_{18}Ni_2$	熔炼	523～585 K， 3.5 MPa	JMAK （$n=0.53$）	形核长大 （一维扩散）	63（放氢）	[48]
8	$Mg_{12}NiY$	熔炼（铸态）； 熔炼（高温高压处理）	523～623 K， 真空	JMAK （$n=0.6～0.8$）	/	44.96（放氢） 33.65（放氢）	[49]
9	$Mg_2In_{0.1}Ni$	熔炼	467～507 K， 真空	JMAK （$n=0.6～0.8$）	形核长大 （一维扩散）	28.9（放氢）	[50]
10	$Mg-TiH_{1.971}-$ $TiH_{1.5}$	氢化燃烧	298～673 K， 4 MPa； 473～673 K， 真空	JMAK （$n=0.3～1.1$）	形核长大 （一维扩散）	12.5（吸氢） 46.2（放氢）	[51]

符号对照表

符号			
Va(ph)	空的物理吸附位	R	气体常数
Va(ch)	空的化学吸附位	t	时间
θ	吸附的表面覆盖度	t_c	特征时间
ξ	反应分数	T	温度
ρ	密度	υ	速率
ΔH	焓变	z	体积膨胀比
A	指前因子	上下标	
C	浓度	0	初始
d	维度	ab	吸氢
D	扩散系数	ch	化学吸附
E	活化能	cr	化学反应
H/M	氢浓度	de	放氢
I	形核速率	di	氢扩散
k	速率常数	eq	平衡
n	Avrami 指数	int	界面
N	形核数目	ng	形核长大
P	压力	ph	物理吸附
r	粒径	sur	表面的
		sp	表面渗透

本 章 例 题

例题 2-1 已知某合金在 293 K、303 K、313 K 和 323 K 下吸氢反应的速率常数分别为 5.17×10^{-5} s^{-1}，7.20×10^{-5} s^{-1}，9.83×10^{-5} s^{-1} 和 1.31×10^{-4} s^{-1}，试采用阿伦尼乌斯方程求解吸氢反应的活化能。

解:根据阿伦尼乌斯方程

$$\ln k = -\frac{E}{RT} + \ln A$$

作 $\ln k$ 对 $1/T$ 的曲线，如图 2-16 所示。需要注意的是温度需要采用绝对温度。根据图中的拟合结果，有 $\ln k = -2\,938.07/T + 0.15$。已知 R 为 8.314 J/(mol·K)，因此，计算得到活化能 E 为 24.43 kJ/mol。

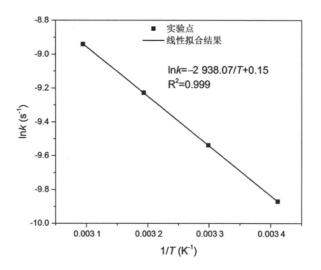

图 2-16　例题 2-1 的阿伦尼乌斯曲线

例题 2-2 某 AB$_5$ 型合金在大于 1 MPa 范围内的吸氢过程可以采用 Chou 模型的扩散控速方程描述。已知合金在 1 MPa 和 2 MPa 下完成吸氢反应的时间分别为 341 s 和 141 s。试求解合金在 3 MPa 下完成吸氢反应的时间。

解:已知 Chou 模型的扩散控速方程为：

$$[1 - (1-\xi)^{1/d}]^2 = k_{di,0} \exp\left(-\frac{E}{RT}\right)(P^{1/2} - P_{eq}^{1/2})t$$

根据已知条件，完成吸氢反应的反应分数 ξ 为 1，压力 P 为 1 MPa 和 2 MPa，

对应的时间 t 为 341 s 和 141 s，令 $k_{\text{di},0}\exp\left(-\dfrac{E}{RT}\right)$ 为 $k'_{\text{di},0}$，可以联立方程组：

$$\begin{cases} 1 = 341 k'_{\text{di},0}(\sqrt{1} - \sqrt{P_{\text{eq}}}) \\ 1 = 141 k'_{\text{di},0}(\sqrt{2} - \sqrt{P_{\text{eq}}}) \end{cases}$$

进而得到参数 $k'_{\text{di},0}$ 的值为 0.01，平衡压 P_{eq} 值为 0.5 MPa。因此，可以预报出 3 MPa 下的完成吸氢的时间为 98 s。

例题 2-3 若某合金的吸氢控速步骤为形核长大过程，Avrami 指数 n 为 1，压力项表达式为 $\ln(P/P_{\text{eq}})$。已知活化能为 30 kJ/mol，速率常数为 400 s^{-1}，293 K 时的平衡压为 1 MPa。试求解该合金在 293 K 和 3 MPa 吸氢压力时，吸氢 80% 所需要的时间。

解： 形核长大过程控速的动力学方程 ($n=1$) 为：

$$-\ln(1-\xi) = k_{\text{ng}}t$$

式中，速率常数 k_{ng} 与温度、压力的关系可以写为：

$$k_{\text{ng}} = k_{\text{ng},0}\exp\left(-\frac{E}{RT}\right)\ln\left(\frac{P}{P_{\text{eq}}}\right)$$

代入活化能、速率常数及平衡压值，动力学方程有：

$$-\ln(1-0.8) = 400 \times \exp\left[-\frac{30\,000}{8.314 \times 293}\right] \times \ln\left(\frac{3}{1}\right) \times t$$

得到吸氢 80% 的反应时间为 811.86 s。

例题 2-4 采用方程 $[1-(1-\xi)^{1/3}]^2 = k_{\text{di}}t$ 对吸氢动力学数据进行分析，拟合结果如下表所示。请写出控速步骤及动力学方程的表达式。

序号	颗粒半径 (μm)	温度 (K)	k_{di} 值 (s^{-1})
1	5	293	1.80×10^{-5}
2	10	293	4.51×10^{-6}
3	15	293	2.00×10^{-6}
4	10	303	6.77×10^{-6}
5	10	313	9.90×10^{-6}

解： 根据动力学方程，判断其为氢扩散控速，速率常数 k_{di} 与颗粒半径 r_0 的平方成正比。结合阿伦尼乌斯方程，可以将动力学方程写成：

$$[1-(1-\xi)^{1/3}]^2 = \frac{k_{\text{di},0}}{r_0^2}\exp\left(-\frac{E}{RT}\right)t$$

根据序号 1～3，作出 k_{di} 对 r_0 的曲线，如图 2-17(a) 所示。根据序号 2，4 和 5，可以

作出 $\ln k_{di}$ 对 $1/T$ 的曲线,如图 2-17(b)所示。根据拟合的结果,可以得到活化能 E 的值为 30.00 kJ/mol,进而计算出参数 $k_{di,0}$ 的值为 100 $\mu m^2/s$。因此,动力学方程表达式可以写为:

$$[1-(1-\xi)^{1/3}]^2 = \frac{100}{r_0^2}\exp\left(-\frac{3\,608.84}{T}\right)t$$

式中,r_0 的单位为 μm,T 为绝对温度。

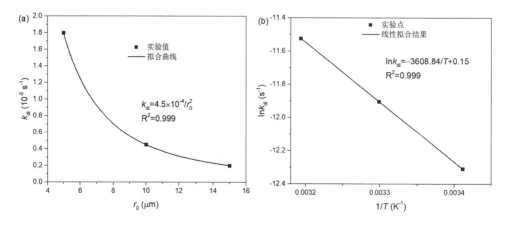

图 2-17 (a)例题 2-4 的 k_{di} 和 r_0 的曲线,(b)例题 2-4 的阿伦尼乌斯曲线

例题 2-5 合金在远大于平衡压的条件下吸氢,其反应分数和时间的数据如下表所示,试分析讨论该合金的吸氢反应控速步骤。

时间(s)	反应分数	时间(s)	反应分数	时间(s)	反应分数
0	0.00	6	0.19	15	0.64
1	0.00	7	0.29	20	0.70
2	0.01	8	0.40	25	0.75
3	0.03	9	0.53	30	0.79
4	0.06	10	0.55	40	0.85
5	0.12	11	0.57	50	0.89

解: 根据时间和反应分数的数据,作反应分数 ξ 对时间 t 的曲线,如图 2-18 所示。合金在远大于平衡压条件下吸氢,判断可能的控速步骤为氢扩散、形核长大及界面化学反应等过程。因此,使用控速步骤对应的动力学方程对 ξ-t 曲线进行拟合。根据拟合结果,发现在 $\xi<0.5$,合金吸氢反应为形核长大控速,$\xi>0.5$,合金吸氢反应为氢扩散控速。

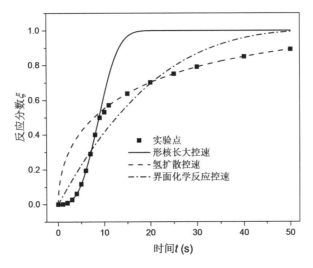

图 2-18 例题 2-5 的反应分数曲线及动力学拟合结果

例题 2-6 假设某合金的平衡压为 0.1 MPa。试根据图 2-19 的实验结果，分析该合金的吸氢控速步骤及其动力学方程。

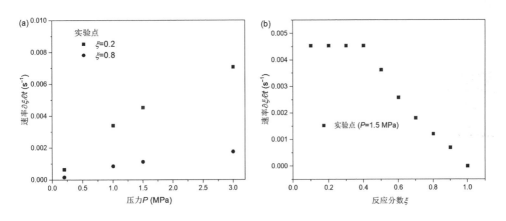

图 2-19 （a）某合金的反应分数为 0.2 和 0.8 时的吸氢速率对压力的曲线，
（b）吸氢速率对反应分数曲线

解：根据图 2-19(b)的吸氢速率对反应分数的数据，参考方程图 2-5 中不同控速步骤下的速率对反应分数曲线，发现在 $\xi < 0.4$ 时，可能的控速步骤为化学吸附或表面渗透过程，$\xi > 0.4$ 时，可能的控速步骤为氢扩散过程。而观察图 2-19(a)的曲线发现，$\xi = 0.2$ 和 $\xi = 0.8$ 时，压力和速率的关系非线性，可能是符合 $\sqrt{P} - \sqrt{P_{eq}}$ 的关系。因此，采用 $\left(\dfrac{\partial \xi}{\partial t}\right) = k(\sqrt{P} - \sqrt{P_{eq}})$ 的函数关系对图 2-19(a)的数据进行拟合处理,如图 2-20(a)所示。其中,P_{eq} 为 0.1 MPa。拟合结果表明速率和压力的确符合上述的关系。因此,$\xi<0.4$ 时控速步骤为表面渗透控速。根据图 2-20(a)中的拟合结果,可以判断 $\xi<0.4$ 时表面渗透控速时的速率为:

$$\frac{\partial \xi}{\partial t} = 0.005(P^{1/2} - P_{eq}^{1/2})$$

根据 Chou 模型的氢扩散控速方程,其速率有:

$$\frac{\partial \xi}{\partial t} = \frac{d}{2}k_0(P^{1/2} - P_{eq}^{1/2})\frac{(1-\xi)^{\frac{d-1}{d}}}{1-(1-\xi)^{\frac{1}{d}}}$$

$\xi>0.4$ 的速率和压力关系辅助证明了氢扩散是控速步骤。采用上述速率方程对图 2-19(b)中的 $\xi>0.4$ 实验点进行拟合,如图 2-20(b)所示。拟合结果表明其符合 $d=3$ 时的速率方程。结合 $\xi=0.8$ 时速率和压力的拟合结果,可以将氢扩散控速的速率方程写为:

$$\frac{\partial \xi}{\partial t} = 0.0015(P^{1/2} - P_{eq}^{1/2})\frac{(1-\xi)^{\frac{2}{3}}}{1-(1-\xi)^{\frac{1}{3}}}$$

最终,可以获得该合金的动力学方程为:

$$\begin{cases} \xi = 0.005(P^{1/2} - P_{eq}^{1/2})t & \xi<0.4 \\ [1-(1-\xi)^{1/3}]^2 = 0.001(P^{1/2} - P_{eq}^{1/2})t & \xi>0.4 \end{cases}$$

该合金在 $\xi<0.4$ 时为表面渗透控速,$\xi>0.4$ 时为氢扩散控速。

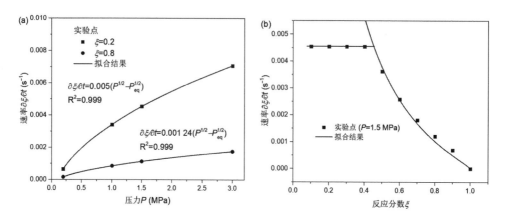

图 2-20　(a) 例题 2-6 的反应分数为 0.2 和 0.8 时的吸氢速率对压力的拟合曲线;
(b) 例题 2-6 的吸氢速率对反应分数拟合曲线

本 章 习 题

1. 试总结物理吸附和化学吸附过程的异同点。

2. 试论述合金典型的形核长大的过程。

3. 试采用菲克定律推导 Jander 模型。

4. 简述动力学方程中的主要参数，以及参数获得过程。

5. 根据 $LaNi_5$ 合金的氢浓度和时间数据（如图 2 - 9 所示），试采用反应分数对时间的曲线分析控速步骤。

参考文献

［1］ 大角泰章. 金属氢化物的性质与应用［M］. 北京：化学工业出版社，1990.

［2］ 章燕豪. 吸附作用［M］. 上海：上海科技文献出版社，1989.

［3］ Wang C S, Wang X H, Lei Y Q, et al. The hydriding kinetics of MlNi₅ – I. Development of the model［J］. International Journal of Hydrogen Energy, 1996, 21(6)：471 – 478.

［4］ Chou K, Xu K. A new model for hydriding and dehydriding reactions in intermetallics［J］. Intermetallics, 2007, 15(5)：767 – 777.

［5］ Jander W. Reaktionen im festen Zustande bei höheren Temperaturen. Reaktionsgeschwindigkeiten endotherm verlaufender Umsetzungen［J］. Zeitschrift für anorganische und allgemeine Chemie, 1927, 163(1)：1 – 30.

［6］ Ginstling A, Brounshtein B. Concerning the diffusion kinetics of reactions in spherical particles［J］. Journal of Applied Chemistry USSR, 1950, 23：1327 – 1338.

［7］ Carter R E. Kinetic model for solid-state reactions［J］. The Journal of Chemical Physics, 1961, 34(6)：2010 – 2015.

［8］ Booth F. A note on the theory of surface diffusion reactions［J］. Transactions of the Faraday Society, 1948, 44(0)：796 – 801.

［9］ Chou K, Luo Q, Li Q, Zhang J. Influence of the density of oxide on oxidation kinetics［J］. Intermetallics, 2014, 47：17 – 22.

［10］ Crank J. The mathematics of diffusion［M］. London：Oxford university press, 1979.

［11］ G. V. Kinetics of the oxidation of metallic spherules and powders［J］. Comptes rendus, 1936, 202：309 – 312.

［12］ Chou K, Li Q, Lin Q, et al. Kinetics of absorption and desorption of hydrogen in alloy powder［J］. International Journal of Hydrogen Energy, 2005, 30(3)：301 – 309.

［13］ Cui X, Li Q, Chou K, et al. A comparative study on the hydriding kinetics of Zr-based AB₂ hydrogen storage alloys［J］. Intermetallics, 2008, 16(5)：662 – 667.

［14］ An X H, Pan Y B, Luo Q, et al. Application of a new kinetic model for the hydriding kinetics of LaNi$_{5-x}$Al$_x$(0≤x≤1.0) alloys [J]. Journal of Alloys and Compounds, 2010, 506(1): 63 – 69.

[15] Luo Q, An X, Pan Y, et al. The hydriding kinetics of Mg-Ni based hydrogen storage alloys: A comparative study on Chou model and Jander model [J]. International Journal of Hydrogen Energy, 2010, 35(15): 7842 – 7849.

[16] Pang Y, Li Q. A review on kinetic models and corresponding analysis methods for hydrogen storage materials [J]. International Journal of Hydrogen Energy, 2016, 41 (40): 18072 –18087.

[17] Kempen A T W, Sommer F, Mittemeijer E J. Determination and interpretation of isothermal and non-isothermal transformation kinetics: the effective activation energies in terms of nucleation and growth [J]. Journal of Materials Science, 2002, 37(7): 1321 – 1332.

[18] Rudman P S. Hydriding and dehydriding kinetics [J]. Journal of the Less Common Metals, 1983, 89(1): 93 – 110.

[19] Pang Y, Sun D, Gu Q, et al. Comprehensive determination of kinetic parameters in solid-state phase transitions: an extended Jonhson-Mehl-Avrami-Kolomogorov model with analytical solutions [J]. Crystal Growth and Design, 2016, 16(4): 2404 –2415.

[20] Liu F, Sommer F, Bos C, et al. Analysis of solid state phase transformation kinetics: models and recipes [J]. International Materials Reviews, 2007, 52(4): 193 – 212.

[21] Carstensen J T. Stability of solids and solid dosage forms [J]. Journal of Pharmaceutical Sciences, 1974, 63(1): 1 – 14.

[22] Miyamoto M, Yamaji K, Nakata Y. Reaction kinetics of LaNi$_5$ [J]. Journal of the Less Common Metals, 1983, 89(1): 111 – 116.

[23] Boser O. Hydrogen sorption in LaNi$_5$ [J]. Journal of the Less Common Metals, 1976, 46 (1): 91 – 99.

[24] Goodell P D, Rudman P S. Hydriding and dehydriding rates of the LaNi$_5$ – H system [J]. Journal of the Less Common Metals, 1983, 89(1): 117 – 125.

[25] Koh J T, Goudy A J, Huang P, et al. A comparison of the hydriding and dehydriding kinetics of LaNi$_5$ hydride [J]. Journal of the Less Common Metals, 1989, 153(1): 89 – 100.

[26] Zarynow A, Goudy A J, Schweibenz R G, et al. The effect of the partial replacement of nickelin LaNi$_5$ hydride with iron, cobalt, and copper on absorption and desorption kinetics [J]. Journal of the Less Common Metals, 1991, 172 – 174: 1009 – 1017.

[27] Muthukumar P, Satheesh A, Linder M, et al. Studies on hydriding kinetics of some La-based metal hydride alloys [J]. International Journal of Hydrogen Energy, 2009, 34(17): 7253 – 7262.

[28] Wang X L, Suda S. Effects of Al-substitution on hydriding reaction rates of LaNi$_{5-x}$Al$_x$[J]. Journal of Alloys and Compounds, 2010, 24(17): 5 – 7.

[29] Wang X H, Wang C S, Chen C P, et al. The hydriding kinetics of MlNi$_5$-II. Experimental

results [J]. International Journal of Hydrogen Energy, 1996, 21(6): 479 –484.

[30] Li J, Guo Y, Jiang X, et al. Hydrogen storage performances, kinetics and microstructure of $Ti_{1.02}Cr_{1.0}Fe_{0.7-x}Mn_{0.3}Al_x$ alloy by Al substituting for Fe [J]. Renewable Energy, 2020, 153: 1140 – 1154.

[31] Kesavan T R, Ramaprabhu S, Rama Rao K V S, et al. Hydrogen absorption and kinetic studies in $Zr_{0.2}Ho_{0.8}Fe_2$ [J]. Journal of Alloys and Compounds, 1996, 244(1): 164 – 169.

[32] Jat R A, Parida S C, Nuwad J, et al. Hydrogen sorption-desorption studies on ZrCo-hydrogen system [J]. Journal of Thermal Analysis and Calorimetry, 2012, 112(1): 37 – 43.

[33] Wang F, Li R, Ding C, et al. Effect of catalytic Ni coating with different depositing time on the hydrogen storage properties of ZrCo alloy [J]. International Journal of Hydrogen Energy, 2016, 41(39): 17421 – 17432.

[34] Luo L, Ye X, Zhang G, et al. Enhancement of hydrogenation kinetics and thermodynamic properties of $ZrCo_{1-x}Cr_x$ ($x=0 – 0.1$) alloys for hydrogen storage [J]. Chinese Physics B, 2020, 29(8).

[35] Guo Y, Xia G, Zhu Y, et al. Hydrogen release from amminelithium borohydride, $LiBH_4$ · NH_3 [J]. Chemical Communications, 2010, 46(15): 2599 – 2601.

[36] Edalati K, Matsuo M, Emami H, et al. Impact of severe plastic deformation on microstructure and hydrogen storage of titanium-iron-manganese intermetallics [J]. Scripta Materialia, 2016, 124: 108 – 111.

[37] Choong N P, Jai Y L. Kinetic properties of the hydrogenation of the FeTi intermetallic compound [J]. Journal of the Less Common Metals, 1983, 91(2): 189 – 201.

[38] Stander C M. Kinetics of formation of magnesium hydride from magnesium and hydrogen [J]. Zeitschrift für Physikalische Chemie, 1977, 104(4 – 6): 229 – 238.

[39] Mintz M H, Gavra Z, Hadari Z. Kinetic study of the reaction between hydrogen and magnesium, catalyzed by addition of indium [J]. Journal of Inorganic and Nuclear Chemistry, 1978, 40(5): 765 – 768.

[40] Seb H J, Lee J Y. A study of the hydriding kinetics of Mg_2Ni [J]. Journal of the Less Common Metals, 1987, 131(1): 109 – 116.

[41] Lu Y S, Zhu M, Wang H, et al. Reversible de-/hydriding characteristics of a novel $Mg_{18}In_1Ni_3$ alloy [J]. International Journal of Hydrogen Energy, 2014, 39(26): 14033 – 14038.

[42] Li Q, Chou K, Xu K, et al. Determination and interpretation of the hydriding and dehydriding kinetics in mechanically alloyed $LaNiMg_{17}$ composite [J]. Journal of Alloys and Compounds, 2005, 387(1): 86 – 89.

[43] Li Q, Lin Q, Chou K C, et al. Hydriding kinetics of the $La_{1.5}Ni_{0.5}Mg_{17}$-H system prepared by hydriding combustion synthesis [J]. Intermetallics, 2004, 12(12): 1293 – 1298.

[44] Jiang J, Leng H, Meng J, et al. Hydrogen storage characterization of $Mg_{17}Ni_{1.5}Ce_{0.5}$/5 wt. % Graphite synthesized by mechanical milling and subsequent microwave sintering [J]. Inter-

national Journal of Energy Research, 2013, 37(7): 726 – 731.

[45] Luo Q, Gu Q, Zhang J, et al. Phase equilibria, crystal structure and hydriding/dehydriding mechanism of $Nd_4Mg_{80}Ni_8$ Compound [J]. Scientific Reports, 2015, 5(1): 15385.

[46] Long S, Zou J, Chen X, et al. A comparison study of $Mg-Y_2O_3$ and Mg-Y hydrogen storage composite powders prepared through arc plasma method [J]. Journal of Alloys and Compounds, 2014, 615: S684 – S688.

[47] Pan Y, Wu Y, Li Q. Modeling and analyzing the hydriding kinetics of $Mg-LaNi_5$ composites by Chou model [J]. International Journal of Hydrogen Energy, 2011, 36 (20): 12892 –12901.

[48] Ouyang L Z, Yang X S, Zhu M, et al. Enhanced hydrogen storage kinetics and stability by synergistic effects of in situ formed $CeH_{2.73}$ and Ni in $CeH_{2.73}-MgH_2-Ni$ nanocomposites [J]. The Journal of Physical Chemistry C, 2014, 118(15): 7808 – 7820.

[49] Sun Y, Wang D, Wang J, et al. Hydrogen storage properties of ultrahigh pressure $Mg_{12}NiY$ alloys with a superfine LPSO structure [J]. International Journal of Hydrogen Energy, 2019, 44(41): 23179 – 23187.

[50] Ouyang L Z, Cao Z J, Wang H, et al. Dual-tuning effect of In on the thermodynamic and kinetic properties of Mg_2Ni dehydrogenation [J]. International Journal of Hydrogen Energy, 2013, 38(21): 8881 – 8887.

[51] Liu T, Chen C, Wang F, et al. Enhanced hydrogen storage properties of magnesium by the synergic catalytic effect of $TiH_{1.971}$ and $TiH_{1.5}$ nanoparticles at room temperature [J]. Journal of Power Sources, 2014, 267: 69 – 77.

第3章 储氢合金的分类和性能

自从 20 世纪 60 年代二元金属氢化物问世以来,经过世界各国科学家的研究与发展,储氢合金已形成种类繁多的庞大体系。除了少数 Mg、V 单质金属储氢材料外,其基本上由 A 和 B 两种元素组成。A 元素是容易形成稳定氢化物的放热型金属,如 Ti、Zr、La、Mg 和 Ca 等;B 元素是难于形成氢化物的吸热型金属,如 Ni、Fe、Co、Mn、Cu 和 Al 等。按照其原子比的不同,它们构成 AB_5 型、AB_2 型、AB 型和 A_2B 型等类型的储氢合金。

具有实用价值的储氢合金,应具备以下特点:储氢容量高、吸放氢速率快、工作温度适宜、平台压力适中、易于活化、对空气和合金中杂质不敏感、价格低廉、使用安全。上述特点主要与储氢材料的热力学性质和动力学性能相关,如储氢容量、工作温度和平台压力等主要取决于材料的热力学性质,而吸放氢速率、活化性能等则主要与材料的动力学特性相关。目前只有美国能源部(United States Department of Energy,DOE)为轻型汽车用氢源系统提出具体的需求指标,如表 3-1 所示,要求氢源系统的体积储氢容量和重量储氢容量分别超过 50 g/L 和 5.5 wt.%,工作温度为 -40~85℃,工作压力为 0.5~1.2 MPa,放氢速率为 0.02 g/(s·kW)。

表 3-1 美国能源部提出的轻型汽车用氢源系统的目标(2025 年)[1]

技术参数	2025 年	最终目标
体积储氢容量 (g/L)	40	50
重量储氢容量 (wt.%)	5.5	6.5
工作温度 (℃)	-40~85	-40~85
工作压力 (MPa)	0.5~1.2	0.5~1.2
放氢速度 (g/(s·kW))	0.02	0.02

表 3-2 给出了主要的储氢合金的储氢容量、放氢压力和工作温度。目前没有一种储氢材料能够同时满足上述指标,因此,人们从不同实际应用需求的角度出发,对储氢合金进行改性研究。储氢合金的改性研究主要包括合金中 A 和 B 两种元素的替代、晶体结构和显微组织优化、表面改性和制备工艺改进等方面。下面针对几种典型的储氢合金的热力学性质和动力学性能调控的研究进展进行介绍。

表 3-2　主要储氢合金的吸氢容量、放氢压力和工作温度

合金	最大储氢容量 （wt. %）	有效储氢容量 （wt. %）	放氢压力 （MPa）	工作温度 （℃）
$LaNi_5$	1.5	1.1	0.37	40
$TiMn_{1.5}$	1.9	1.3	0.7	20
TiFe	1.9	1.8	1-5	60
Mg_2Ni	3.6	3.1	1.15	360
Ti-V-Cr	3.8	2.4	0.36	60
Mg	7.6	7.2	0.11	300

3.1　AB_5 型合金的储氢性能

早在 1969 年，Philips 实验室就发现了 $LaNi_5$ 合金具有很好的储氢性能，储氢容量为 1.5wt. %[2]。当时用于镍氢（Ni-MH）电池，但发现其容量衰减太快，而且价格昂贵，很长时间未能得到发展。直到 1984 年，Willims[3] 采用钴部分取代镍，用钕少量取代镧得到多元合金后，制出了抗氧化性能高的实用镍氢化物电池，重新掀起了稀土储氢合金的开发热潮。由 $LaNi_5$ 发展为 $LaNi_{5-x}M_x$（M＝Al、Co、Mn、Cu、Ga、Sn、In、Cr、Fe 等），其中 M 有单一金属的，也有多种金属同时替代的，如同时用混合稀土金属（Mm-富铈混合稀土金属/ML-富镧混合稀土金属）、Zr、Ti 等代替 La。因此，品种繁多、性能各异的稀土基 AB_5 型或 AB_{5+x} 型储氢合金在世界各国诞生，并得到广泛的应用。

AB_5 型储氢合金综合性能较好，具有易活化、动力学性能好、容量适中和价格相对低廉等优点，是目前镍氢电池广泛采用的负极材料。其主要缺点是在充放电循环过程中电极容量的衰减和高倍率放电性能差。电极合金容量衰减的根本原因是在充放电过程中，合金发生了粉化和氧化。因为合金吸氢后晶胞体积膨胀较大，在不断地充放电过程中，会导致合金不断粉化，比表面能也随之增大，从而增大合金在碱溶液中的氧化腐蚀，导致合金的电化学容量在充放电循环的过程中迅速衰减。因此，从微观结构的角度讲，当氢原子进入晶胞间隙时，晶间应力的增加及晶胞体积的膨胀是合金粉化和氧化的主要原因，而 Ni-MH 电池的高倍率放电性能主要受负极储氢合金的动力学性能限制。为解决上述问题，人们从合金化方法、表面改性处理及掺杂添加剂等方面对 AB_5 型储氢合金进行了大量研究，通过调控合金的热力学性质和动力学性能提升其综合电化学性能。

3.1.1　AB_5 型合金的吸放氢反应热力学性质

对于 AB_5 型稀土储氢合金可用通式表示为 $La_{1-x}C_xNi_{5-y}D_y$，其中 C 代表 Ce、

Pr、Nd、Ca、Y 或者 Mm(富 Ce 混合稀土)等,D 代表 Co、Fe、Mn 和 Al 等。一般来说,A 侧元素为氢稳定因素,控制着储氢量。相对于 La 元素,C 组元通常能提高氢平衡分解压力,即降低氢化物稳定性,如图 3-1(a)所示。这是因为其他稀土元素的原子半径均比 La 的原子半径小,导致合金晶胞体积减小,所以,氢化物的分解压力升高。B 侧元素为氢不稳定因素控制着吸放氢的可逆性,而相对于元素 Ni,D 组元一般降低氢平衡分解压力,即提高氢化物稳定性,如图 3-1(b)所示。添加元素对平台压的影响程度与其原子半径大小和含量相关,一般原子半径越大,含量越高,形成氢化物的稳定性越高。因此,通过分别添加 C 和 D 组元或者同时添加,可调控 AB$_5$ 合金的氢化物稳定性,使其平衡压力高于或者低于 LaNi$_5$ 的平衡压力,如图 3-2 所示。

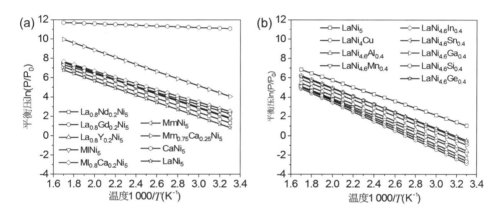

图 3-1 AB$_5$ 型合金 A 侧(a)和 B 侧(b)组元对其平衡压力的影响

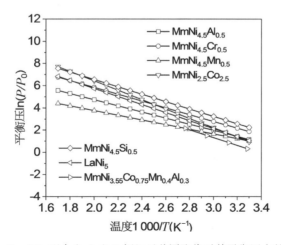

图 3-2 AB$_5$ 型合金 A 和 B 侧组元共同取代对其平衡压力的影响

实际上早在 1973 年,Justi 就报道了 LaNi$_5$ 可以用作电极材料[4],但是其电化学容量不足 LaNi$_5$H$_6$ 理论值 372 mAh/g 的 1/3,其原因是 LaNi$_5$H$_6$ 的分解平台压在 25℃高于 0.1 MPa,导致大部分氢气分解释放掉。随后 Rikswick 等[5]通过其他金属元素替换 Ni 来提高合金的稳定性,从而增大了电化学容量,但是其循环稳定性并没有得到改善。直到 1984 年 Willims[3]报道了合金晶格膨胀和腐蚀之间的正相关性,并通过采用 Co 部分取代 Ni,用 Nd 少量取代 La 制备出第一种循环寿命可接受的多元合金。1987 年 MmNi$_{3.55}$Co$_{0.75}$Mn$_{0.4}$Al$_{0.3}$ 被开发出来,它在价格、循环寿命和电化学容量方面都能满足实际电池应用的最低要求[6]。如图 3-3 所示,该合金的氢化物的稳定性明显高于 LaNi$_5$H$_6$,如果将混合稀土中的 Ce 去掉,则其氢化物的稳定性进一步增加,在 65℃,其吸氢平台压只有 0.05 MPa,而含 Ce 的 MmB$_5$ 合金平台压为 0.5 MPa,所以前者更适合在较高温度下使用。混合稀土中 Ce 的含量越高,合金的氢化物稳定性越低。

Co 元素对于 AB$_5$ 合金的循环寿命影响很大,如图 3-3 所示,不含 Co 的合金电化学容量衰减很快,而含 Co 的合金循环稳定性很好。Willems 和 Buschow[7]认为合金 LaNi$_{5-x}$Co$_x$(x=1~5)的耐腐蚀性归功于其吸氢时较小的晶格膨胀。但是也有学者认为合金 LaNi$_{4.3-x}$Co$_x$Mn$_{0.4}$Al$_{0.3}$ 的耐腐蚀性能与晶格膨胀的关系不大,主要是由于 Co 抑制了 Mn 向表面的迁移以及表面 Ni 的氧化[8]。

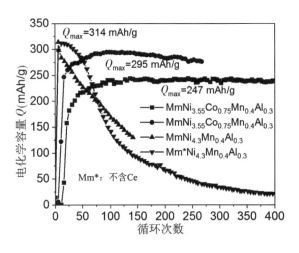

图 3-3　4 种混合稀土 AB$_5$ 电极的充电容量随充放电循环次数的变化[6]

虽然 Co 对 AB$_5$ 合金的循环稳定性起着重要作用,但是由于其价格昂贵,所以增加了合金的成本。为了降低合金的成本,研究者开发了低 Co 和无 Co 的合金,例如,采用 Fe 和 Si 等替代 Co 后使得合金的晶胞体积增大,从而提升合金的放电容量和循环稳定性[9]。

除了元素替代法外,采用快淬法制备工艺也是一种调控 AB₅ 型储氢合金热力学性质的途径。快淬法获得的组织特点主要有三个:①抑制宏观偏析,析出物微细化;②组织均匀;③晶粒细化。此外,快淬法制备的合金还容易形成非晶相,从而增强合金的抗粉化能力。这些组织特点使得合金的平台平坦性得到改善,吸氢量增大,电极耐腐蚀性能改善[10]。

元素替代和快淬法主要对储氢合金的容量、氢化物生成焓、合金的压力-成分-温度(PCT)曲线特性、氢在合金中的吸收与扩散过程中的相变和体积膨胀等方面产生影响。目前,在成分设计上主要包括:将 Co 含量降低或完全取代,调节 B 侧元素的比例。元素的替代使得点阵常数和晶胞体积改变,对储氢合金的活化和稳定性均有好处,而且降低平台压。在合适的比例条件下,储氢电极合金的电化学性能得到明显的改善。研究人员常用一种或多种元素来替代 Co 和 Ni,从而形成数以千计的储氢合金品种。元素替代法结合快淬法制备工艺成为改善 AB₅ 型储氢合金循环稳定性的重要途径。

3.1.2 AB₅ 型合金的吸放氢反应动力学性能

Ni – MH 电池用负极材料的高倍率放电性能无法满足高倍率应用领域的要求,且大电流放电会导致电池温度升高,电化学性能显著下降,而 Ni – MH 电池的高倍率放电性能主要受负极储氢合金的表面电化学动力学和晶格内氢的扩散速率限制。改善 AB₅ 型储氢合金动力学性能的途径主要有元素替换法、表面处理法和掺杂添加剂等,其改善效果如表 3 – 3 所示。

表 3 – 3　AB₅ 系合金动力学性能调控方法

调控方法	处理方式	极化阻抗 R_p（mΩ）	交换电流密度 I_0（mA/g）	氢扩散系数 D（×10⁻¹⁰ cm²/s）	高倍率放电性能 HRD	参考文献
元素替代	取代前	102.27	251.21	0.88	38%	[11]
	少量 Mo 取代 Co	70.61	363.85	2.06	50%	
	取代前	90.41	284.17	0.93	50%	[12]
	少量 B 取代 Ni	78.55	327.07	1.58	63%	
表面处理	未处理	317.1	80.99	17.9	N/A	[13]
	HF – KF – KBH₄ 处理	205.5	124.98	32.9	80%	
	未处理	351.24	/	/	50%	[14]
	HF – CuSO₄ 处理	124.68	/	/	75%	
添加导电剂	未添加	155.94	178.45	/	20%	[15]
	添加适量纳米 Cu 粉	102.73	270.89	/	60%	
	未添加	1 261	27.1	/	/	[16]
	添加少量石墨	1 152	46.76	/	/	

1. 元素替代法

元素替代法不仅能调控储氢合金热力学性质,还能通过提高合金中氢原子扩散速率和形成具有电催化活性的第二相来实现改善储氢合金的吸放氢动力学性能[11, 12]。一般来说,La 含量增加会导致合金晶胞体积变大,从而使得氢在晶格中运动阻力减小,加快其在合金中的扩散速率。用少量 B 取代部分 Ni 元素,可在合金主相界面处形成具有电催化活性的第二相 $CeCo_4B$ 相,调整电极在放电过程中氢表面脱附中间态能量,降低金属氢化物相变的活化能,促进晶界处金属氢化物的相变,增加了氢原子的扩散通道,从而促进储氢和析氢,提高电极电催化活性,改善合金高倍率放电性能[12]。

2. 表面处理法

合金的表面状态是影响其电化学性能的重要因素,因为氢原子的形成、化学吸附和氢扩散等都发生在合金的表面,因此,储氢合金的表面特性会影响其活化、钝化、在电解液中的腐蚀与氧化、电催化活性等性能,从而影响其高倍率放电性能和循环寿命。通过对合金表面进行处理,可有效地改变合金的表面状态,提高其表面的电催化活性,促进电荷转移,加快氢原子向合金内的扩散等。常见的表面处理方法有化学处理法和包覆法。

(1) 化学处理。化学处理包括碱处理、酸处理和氟化处理等。

碱处理是将合金粉或合金电极长时间浸渍在 KOH 溶液中,表面元素如 V、Mn 和 Al 等受到缓慢腐蚀而部分或完全除去,在合金表面形成一层具有较高催化活性的富镍层。它不仅提高了合金粉之间的导电性能,而且显著改善了电极的活化性能,从而改善其高倍率放电性能。对于含 Co 的合金,经过碱处理后,合金的循环寿命也得到改善,这是由于碱处理在合金表面引起的结构变化增强了其抗腐蚀性,抑制了电化学容量的衰变。此外,在碱液中加入某些还原剂,如 NaH_2PO_2、$NaBH_4$ 等,是碱处理的又一方法,称之为化学还原处理。化学还原处理过程中除了形成富 Ni 层外,由于还原剂在处理过程中释放氢原子和电子,部分合金吸收了反应产生的氢原子而变成了金属氢化物,合金由于吸氢,体积发生膨胀,在合金表面出现许多裂纹,使得合金的有效表面积增加,电催化活性也随之增加。例如,用含有 KBH_4 的 KOH 热碱溶液对储氢合金 $MlNi_{4.0}Co_{0.6}Al_{0.4}$ 进行处理,元素 Al 优先溶解在表面形成富镍层,Ni 和 Co 的氧化物被 KBH_4 还原,合金表面形成了两种新的氢的吸收态,从而使得合金的极化电阻降低 60%,交换电流密度增加了 35%,表明其电催化活性得到显著提升[17]。虽然碱处理有助于改善合金的电化学性能,但必须严格控制处理的工艺条件。否则,合金的过度腐蚀会损失一部分有效容量,同时长时间碱处理所造成的表面腐蚀凹痕和空洞加速了合金的腐蚀,反而降低了循环寿命。

酸处理是通过酸洗溶液溶解除去合金表面的稀土氧化层,并在表面形成电催化活性良好的富 Ni(Co)层。同时,由于合金表面氢化产生较多的裂纹,使合金的比表面积增大,从而使合金的活化及高倍率放电性能得到改善。酸处理的处理液包括无机酸溶液和有机酸溶液。常用的无机酸溶液有盐酸、硝酸和醋酸等;有机酸溶液有甲酸、乙酸和氨基乙酸等。例如,经 HCl 处理后的 $Mm(Ni_{0.64}Co_{0.20}Al_{0.04}Mn_{0.12})_{4.76}$ 合金电极的活化系数为未处理的 1.2 倍,而起始容量远高于未处理合金,说明表面处理活化了合金表面与电解液界面间的放电反应。表面处理后合金的平均粒径与未处理的平均粒径相同,而表面处理后的合金比表面积大约是未处理合金的 4.5 倍。HCl 处理后合金表面组成发生变化,元素 La、Ce、Pr、Nd、Al 和 Mn 等元素含量大大降低,从而使合金外表面层的 Ni 和 Co 得到富集[18]。酸处理的方法在常温常压下即可顺利进行,并且反应迅速,操作过程简单,容易控制。为了保证合金不受到严重腐蚀,通常采用稀酸,也便于废液处理,减小环境污染。

氟化处理法是用低浓度的 HF 溶液与金属氟化物的盐溶液处理储氢合金。氢氟酸也是酸溶液的一种,与酸处理相同的是,HF 溶液能够去除合金表面的金属氧化物以及部分金属元素,形成一层电催化活性良好的富 Ni 层。氟化处理与酸处理的不同之处在于,氢氟酸中还包含氟离子,氟离子能够与合金表面的金属反应生成金属氟化物,包覆在合金的表面,能够有效保护合金,阻止合金被腐蚀,有利于增强合金的循环寿命。此外,通过在氟溶液中添加少量还原剂,还可以提高氟化处理后表面的抗氧化能力。因此,经氟化处理后,合金的活化、高倍率放电性能及循环稳定性均能得到一定改善。例如,采用 HF 和 KF 溶液在 50℃下将 $MmNi_{3.8}Co_{0.75}Mn_{0.4}Al_{0.2}$ (富 Ce 混合稀土)合金浸泡 10 分钟,然后添加少量 KBH_4 处理,合金在 900 mA/g 电流密度下的高倍率放电能力依然保持为 80.2%,而未经过处理的合金根本无法放电[13]。其原因就是形成的 LaF_3 层和富 Ni 层提高了合金的电催化活性,KBH_4 的添加通过形成金属氢化物降低合金的电位,提高了合金的抗氧化能力。氟处理的操作步骤简单,操作方便,所需时间较短,因此,氟处理常作为表面处理的预处理阶段,与包覆处理等其他表面处理手段同时使用,从而更全面地提高储氢合金的综合性能。

(2)包覆法。包覆法是通过在储氢合金表面包覆一层膜来改变合金的表面状态,改善合金表面的电催化活性、导电性和抗氧化性等,是改善充放电动力学和循环寿命等电化学性能的有效途径。

包覆膜可以是活泼金属及其合金或者具有特殊功能的高分子材料,包括 Ni、Co、Cu、Pd 及其合金,聚四氟乙烯和聚苯胺等。包覆处理的作用主要有四个方面:一是作为储氢合金表面保护层,阻止储氢合金在充放电循环过程中的氧化、粉化和稀土元素偏析；二是作为储氢合金之间及其与基体之间的集流体,改善电极的导电性能,有助于提高活性物质的利用率；三是有助于氢原子向体相扩散,提高金属氢化物电极的充电效率、降低 Ni - MH 电池的内压；四是改善储氢合金的导热性能,且有较好的延展性,易制成 Ni - MH 电极。一般采用的镀层技术有电镀、化学镀以及化学置换等。电镀的过程是在一定的电流作用下,镀液中的金属离子沉积到合金表面,在合金表面形成一层多孔的金属膜。化学镀是在还原剂的作用下,将金属盐溶液中的金属离子还原到储氢合金的表面,形成一层金属膜,相比于电镀处理,化学镀处理具有镀层均匀,造价低等优点,但同时也存在着废液较多、易引入杂质等不足。化学置换法是将合金置于稳定性较强的金属盐溶液中,由于金属的活性不同,活泼金属会发生溶解并将溶液中的金属置换出来以单质的形式包覆在储氢合金的外表面。例如,通过化学镀制备的 Cu 镀层使得富镧 AB_5 型储氢合金的高倍率放电能力提升了 50%[14]。在 $MmNi_{3.55}Mn_{0.4}Al_{0.3}Co_{0.75}$ 电极表面涂覆一层聚四氟乙烯(Poly Tetra Fluoro Ethylene, PTFE),由于 PTFE 具有憎水性,促进固液界面氢的化学吸附,加快氢进入合金内部的速度,从而有效地抑制了快速充电过程中电池内压的上升[19]。

包覆法能够显著改善储氢合金的性能,但是也会增加合金的制备成本,而且镀层的厚度控制需要非常精确,否则会阻碍氢的扩散,因此,在采用包覆处理时需要综合考虑镀层工艺的复杂性、环保性和成本。

合金表面由于元素偏析而存在氧化膜,造成合金活化性能差,通过上述各种表面处理技术,可有效利用处理液对合金表面的腐蚀,除去合金表面氧化膜,在合金表面形成富镍层,从而消除了氢通过表面的扩散阻力,显著增加了电极的催化活性,改善电极的电化学活化性能、电极反应动力学特征和在电解液中的抗腐蚀性能。

3. 掺杂添加剂

直接向电极合金中掺杂具有电化学活性的添加剂可以提高电极的导电性和表面催化活性,是改善电极合金电化学性能的简单而有效的方法,对于改善储氢合金的利用率和循环稳定性具有较好的效果。添加剂包括金属、金属氧化物和碳材料等。金属添加剂主要为 Cu 粉和 Ni 粉；金属氧化物添加剂主要为 CuO、V_2O_5、La_2O_3、CeO_2 和 Co_3O_4 等；碳材料添加剂包括石墨、石墨烯和碳纳米管等[15, 16, 20]。添加的方式包括机械合金化、粉末烧结、化学处理等方法。例如,在 $MmNi_{0.38}Mn_{0.3}Al_{0.2}Co_{0.7}$ 合金中加入 40 nm 的镍粉时,电极的电化学动力学性能提升,电极在 $-40℃$ 的放电容量由 150.4 mAh/g 提高至 216.8 mAh/g。在储氢合金 $Mm Ni_{3.55}Co_{0.75}Mn_{0.4}Al_{0.3}$ 中添加石墨烯纳米片后,在电流密度为 3 000 mA/g 时,其容量保留率由未添加石墨烯时的 21.5% 提高至 68.3%[20]。

3.2 AB₂型合金的储氢性能

AB₂型金属间化合物主要有钛基和锆基两大类。钛基 AB₂型储氢合金主要有 TiCr₂和 TiMn₂等,它们均为 C14 型 Laves 相结构。Ti-Cr 系 AB₂储氢合金室温下的工作压力超过 20 MPa,储氢量高达 3.6 wt.%,可以通过合金化的手段降低其平台压力,使其应用于高压储氢罐上[21]。锆基 AB₂型储氢合金主要有 ZrV₂、ZrMn₂、ZrCo₂、ZrFe₂和 ZrCr₂等。ZrV₂的室温平台压为 $3.3×10^{-8}$ Pa,可以通过合金化等手段进一步降低其平台压,使其应用于吸气剂领域,如意大利 SAES 公司生产的 St 系列吸气剂受到很多用户的广泛认可,特别是 St707 吸气剂,即 Zr-V-Fe 吸气剂,它能在 400℃左右被激活,并且可以在室温下工作,所以在电子真空器件中得到了广泛应用[22]。目前围绕 AB₂型储氢合金改性的方法主要有合金化、非化学计量比法、合金的纳米化、镀层法和热处理等工艺,其中合金化、非化学计量比法在调控材料热力学性质同时也显著影响动力学性能,而合金的纳米化和镀层法主要是调控材料的吸放氢动力学性能。

3.2.1 AB₂型合金的吸放氢反应热力学性质

构成 AB₂合金的 A 侧元素一般是氢化物形成元素,如 Zr、Ti、Hf、Ca 和 Mg 等,而 B 侧元素是非氢化物形成元素,如 Al、Ga、Mn、Fe、Co 和 Ni 等。合金化就是在 AB₂合金的 A 侧或者 B 侧用其他元素部分替代,并采用高温熔炼、机械合金化或者烧结等方法制备出以 AB₂为基的三元、四元及以上的多元合金。如图 3-5 所示,一般元素替代对 AB₂平台压的影响主要与替代后晶胞体积的变化有关,晶胞体积减小,氢原子进出晶胞间隙的难度提高,吸放氢平台压力会提升,反之则会降低。例如,采用少量 Ti 取代 ZrFe₂合金中部分 Zr,合金仍然能维持 C15 型 Laves 相结构不变,但合金晶胞体积有所减小,储氢容量和平台压上升,熔变值和滞后系数有所下降。若继续增加 Ti 的替代量,则合金结构转变为 C14 型 Laves 相结构,且储氢容量下降,但平台压会持续上升,熔变值和滞后系数均进一步减小。一般认为,Ti 取代 Zr 后,因为原子半径的不同,导致晶胞体积缩小,晶体结构畸变,晶格间隙减小,故导致吸/放氢平台压的提升。储氢容量的先增后降则是因为 Zr 的原子质量比 Ti 重,在维持 C15 型 Laves 结构不变的情况下,由于晶格间隙的数目没有发生改变,所以储氢质量密度必定有所提升;但 Ti 替代量增多后,晶体结构从 C15 型转变为 C14 型,而 C14 型 Laves 相结构的储氢间隙减少,所以导致合金储氢容量的下降[23]。Al 和 V 的原子半径都大于 Fe,所以,当采用 Al 或者 V 替代 ZrFe₂中的 Fe 时,随替代量逐渐增加,合金的结构从 C15 型 Laves 相结构转变为 C14 型 Laves

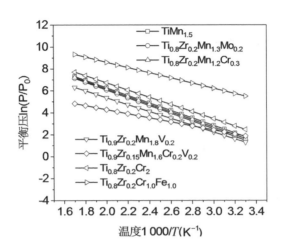

图 3-4 AB$_2$型合金 A 和 B 侧组元对其平衡压力的影响

相结构,使得合金的储氢容量下降,吸/放氢平台压也有所下降[24,25]。

非化学计量比一般是指合金相在维持相结构不变的前提下,其成分偏离标准的化学计量比。在 ZrFe$_x$(1.9≤x≤2.5)中改变 Fe 的成分比例,随着 x 值的增大,体系储氢容量下降,脱氢平台压上升,滞后系数减小,β 氢化相转变到 α 固溶相的熔变值有明显的下降。储氢容量下降是因为过量的 Fe 使得 Zr 原子比例下降,导致晶格中与氢亲和力强的 A$_2$B$_2$型四面体间隙数量下降。合金平台压的上升则是因为 Fe 原子实际上占据了部分 Zr 的位置,并因 Fe 原子半径更小而使得体系的晶胞体积下降,从而使得氢进入晶胞内部后的稳定性下降[26]。

合金相结构的稳定性和组分的均一性是影响储氢性能的重要因素,吸/放氢平台斜率与晶体结构和相的多样性有关。合金多数通过熔炼、感应熔炼和烧结等方法制备,然而获得的合金很容易存在相偏析和成分不均一的现象。对铸态合金进行退火处理不仅可以释放较大的晶格内应力、减少或消除位错,还能有效降低合金的成分偏析,减少第二相和改善成分分布,有效降低吸/放氢平台斜率,提高合金的活化性能、循环性能和储氢性能[27]。

3.2.2 AB$_2$型合金的吸放氢反应动力学性能

为了提高 AB$_2$型储氢材料吸氢动力学性能,人们主要通过元素替代法、非化学计量法、纳米化法和镀层法等方法对其动力学性能进行调控,其改善效果如表 3-4所示。

元素替代法会影响储氢合金的动力学性能,如引起晶胞体积减小,氢原子进出晶胞间隙的难度提高,氢的扩散速率降低;反之会提高氢的扩散速率。用少量 V、

Mn 替代 ZrFe$_2$ 合金中的 Fe，由于晶胞体积变大，吸氢动力学得到改善[28,35]。Ti 元素的作用比较复杂。当少量 Ti 替代 ZrV$_2$ 合金中 Zr 时，尽管 Ti 的原子尺寸比 Zr 的小，但是 ZrV$_2$ 的晶胞体积会变大[36,37]。在 Zr$_{0.9}$Ti$_{0.1}$V$_2$ 合金中由于形成了少量 V 固溶体相，使其动力学性能得到提高[36]；而在非化学计量比合金 Zr$_{5.5}$Ti$_{1.5}$V$_5$Fe 中，由于 Ti 的少量替代使得第二相 α-Zr 相含量减少，合金的动力学性能有些许降低[37]。

表 3-4　AB$_2$ 系合金动力学性能调控方法

调控方法	处理方式	吸氢速率	参考文献
元素替代法	少量 V 替代 ZrFe$_{2.05}$ 中的 Fe	提升 1 倍	[28]
	少量 Mn 替代 ZrFe$_{1.95}$V$_{0.1}$ 中的 Fe	提升 70%	[28]
非化学计量比法	B 侧 Al 不足 YFe$_{1.6}$Al$_{0.2}$	提升 18%	[29]
	A 侧 Zr 过量 Zr$_7$V$_5$Fe	提升 24%	[30]
纳米化法	球磨制备纳米 Zr$_3$Co	提升 3 倍	[31]
	甩带＋热处理制备纳米晶 Zr$_{25}$Ni$_{37.5}$V$_{37.5}$	提升 4 倍	[32]
镀层法	ZrVFe 表面镀 Ni	提升 35%	[33]
	Zr$_{0.9}$Ti$_{0.1}$V$_2$ 表面镀 Pd-Ag	提升 47%	[34]

非化学计量比法通过 A 侧或者 B 侧元素过量或欠量来调控合金的吸放氢反应热力学性质和动力学性能。一方面非化学计量比会导致晶体内部产生大量的空位缺陷，为氢原子的扩散提供了快速通道；另一方面，非化学计量比会引起晶胞体积变化或者第二相含量变化，从而提升氢的扩散速率。例如，非化学计量比合金 YFe$_{1.5}$Al$_{0.5-x}$(x=0.1 和 0.2)在 100℃和 1.5 MPa 氢压下 300 s 内完成吸氢，而对应的 YFe$_{1.5}$Al$_{0.5}$ 需要 2 000 s 才能完成吸氢，就是由于 Al 的欠量导致晶体内产生大量的空位从而促进了氢的扩散[29]。非化学计量比合金 Zr$_x$V$_5$Fe(x=3~7)随着 Zr 含量的增大，ZrV$_2$ 相的晶胞体积增大，同时第二相 α-Zr 相的含量也增多，两个因素共同作用下使得合金的吸氢速率随着 Zr 含量增加而增大[30]。

合金纳米化是指将原始金属的晶粒尺寸降低至 100 nm 以下，大幅度增加晶界数量，这些增加的晶界会产生新的特性，从而提升材料性能。吸气剂材料通过加热或其他方式激活使真空系统中的非蒸散型吸气剂激活，激活温度和激活时间是吸气剂性能的重要参数，激活时间越短，激活温度越低，则激活性能越好。材料的微观结构会对吸气性能产生重要影响。晶界和晶粒表面被认为是吸气剂材料的活化区域，纳米颗粒粉末中存在的巨大表面积能显著提高其吸氢动力学性能。例如，通过机械球磨、烘烤、高温热处理的方式处理 Zr 和 Co 单质粉末可以制备出具有颗粒尺寸小于 100 nm 的 Zr$_3$Co 金属间化合物粉末。相比较具有相似成分的 St787 吸气剂合金,Zr_3Co 金属间化合物粉末的实际表面积大幅提高,并且吸氢速率提高 3 倍以上[36]。采用高淬火速率也能显著减小合金的晶粒尺寸,通过甩带和热处理制备的纳米晶 Zr - Ni - V 合金表现出比铸态更好的储氢容量和吸氢/脱氢动力学[32]。基于纳米化对吸氢速率的影响,如何制备出粒度均匀的纳米合金颗粒引起人们的关注。采用激光脉冲消融技术和等离子技术可以制备出平均颗粒尺寸达到 70 nm、55 nm 的 $Zr_{57}V_{35.8}Fe_{7.2}$ 合金粉末,远小于通过吸放氢粉化后获得的 69 μm 颗粒尺寸[38, 39]。

Ni、Pd 等金属是促进氢分子和原子之间转换的典型催化剂,将其作为镀层涂覆在合金材料表面,不仅可以加速氢分子的解离速率,而且还能提高材料的抗氧化性能,充当储氢材料表面抵抗杂质气体毒化作用的保护层[33, 34]。采用电镀法制备的镀 Ni 的 ZrVFe 合金粉末,与原始 ZrVFe 合金相比,激活温度从 300℃ 下降至 160℃;吸氢速率从 1 060 $cm^3/(s \cdot g)$ 提升到 1 431 $cm^3/(s \cdot g)$。在 100℃ 的空气中烘烤 24 h 之后,镀 Ni 的 Zr - V - Fe 非蒸散型吸气剂的吸氢速率只下降了 5.6%,而原始 ZrVFe 合金下降了 17.9%[33]。这说明镀镍层不仅起到了催化剂的作用,而且起到了抗氧化的作用。

3.3 AB 型合金的储氢性能

AB 型储氢合金主要指 TiFe、TiCo、TiNi 和以它们为基、用其他元素部分置换 A 或 B 原子后形成的多元合金,而其中只有 TiFe 基合金具有实际储氢应用价值。TiFe 是 AB 型储氢合金的典型代表,由美国 Brookhaven 国家实验室的 Reilly 和 Wiswall[40] 于 1974 年首先发现。TiFe 合金活化后,能可逆地吸放大量的氢,最大储氢量达到 1.86 wt.%,氢化物的分解压强仅为几个大气压,并且具有很好的吸放氢动力学性能;此外 Ti、Fe 元素在自然界中含量丰富,价格便宜,有利于 TiFe 合金大规模推广应用。

作为储氢材料,TiFe 具有诸多优越性,但是也存在如下问题:

(1) TiFe 合金的活化非常困难。TiFe 合金需经过条件苛刻的活化处理之后才能在室温下可逆地吸放氢。TiFe 合金的典型活化工艺如下[40]:首先将试样装入反应器里后密封、加热至 400~450℃,并在加热的同时连续抽真空,之后向反应器充氢至 0.7 MPa,半小时后排气、缓冷至室温,这样完成 TiFe 合金的一次活化过程。之后,在室温下向反应器充氢至 6.5 MPa,如在 15 min 内氢压有明显下降,说明 TiFe 合金已经开始吸氢,否则还需要重复上述活化过程,直至 TiFe 合金完全活化为止。在对 TiFe 合金储氢特性进行研究前,Fischer 和 Busch 等[41, 42]用上述方法活化处理 TiFe 合金,多次活化后,试样才开始吸氢,并经过数次吸放氢循环后,

TiFe 合金的吸氢量才达到最大。

（2）TiFe 合金易受外部环境影响而使其储氢性能恶化。活化过程中的 TiFe 合金对气态杂质（如 CO、CO₂ 和 O₂ 等）非常敏感，很容易被这些气态杂质毒化而导致样品储氢容量的降低。TiFe 合金在含有 300 ppm CO 的氢气中循环吸放氢，其储氢量会急剧降低，循环 10 次后合金就完全丧失储氢能力；在含有 300 ppm O₂ 的氢气中循环吸放氢，其储氢量也会随着循环次数的增加而衰减[43]。

（3）TiFe 合金吸放氢平衡压力差（滞后）较大。储氢合金吸放氢过程中的滞后性是指合金在吸氢和放氢时压力不一致性。合金的滞后性大，在吸氢过程中就要求更大的氢气压力或降温，而在放氢过程中就要求更低的外界压力或以更高的放氢温度。TiFe 合金的这一特点影响了其广泛的应用。

为了改善 TiFe 合金的上述缺点，研究人员进行了许多的改性研究，主要包括元素替代、Ti 和 Fe 的相对含量调整、表面处理以及制备工艺优化等方法，其中元素替代主要是改善了 TiFe 合金的热力学性质，而其他方法主要改善的是 TiFe 合金的动力学性能，特别是活化性能。

3.3.1 TiFe 合金的吸放氢反应热力学性质

用过渡族金属元素置换 TiFe 合金中的部分 Fe 或 Ti，或者直接添加至 TiFe 合金中，是 TiFe 合金最基本的改性手段，可以有效改善其活化特性，同时也能够提高合金的抗气体杂质能力以及减小合金的滞后，但合金的部分储氢性能受到影响，如合金的吸放氢平台斜率增大、最大储氢量减小等。除了少量采用 Zr、V、Ca 代替 A 侧 Ti 的研究外[44]，对 TiFe 的元素替代研究主要集中在对 B 侧元素的替代或者添加，这可能是由于对 A 侧 Ti 的替代一般都会导致合金储氢容量的降低。如图 3−5 所示，$TiFe_{1-x}M_x$（M=Cr、Mn、Co 和 Ni；$0.5 \leqslant x < 1$）中取代金属 M 对其储氢特性的影响是使得氢化物变得稳定，其稳定顺序为：Cr>Mn>Ni>Co>Fe，而且氢的吸收、分解压力的滞后现象减小。

由于单一的元素添加或置换不能使合金的综合性能得到提高，因此，研究人员对于 TiFe 系四元或多元合金进行了研究[45-47]。将 V 或 Nb 加入 $TiFe_{1-x}Ni_x$−H 体系，合金的活化性能改善的同时，其吸放氢平衡压降低，滞后性能得到改善。向 TiFe 合金中加入 Mn 和 Co 元素，并且通过调整 Co 和 Mn 的含量使合金八面体间隙的能量均一，可以获得相对平坦的第一个放氢平台，从而增加合金的有效放氢量。这些研究表明在 TiFe 合金中加入第三或第四组元，合金有效放氢容量、活化性能、抵抗杂质气体的能力和滞后性能都能够得到不同程度的提升或改善，是改善 TiFe 合金综合性能的有效途径。

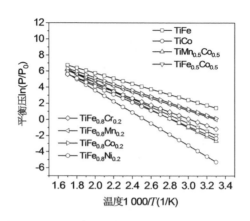

图 3－5　AB 型合金 B 侧组元对其平衡压力的影响

3.3.2　TiFe 合金的吸放氢反应动力学性能

　　对于不同的金属氢化物来讲,实际应用的关键问题是其表面经常会覆盖一层不同厚度的氧化层,这一氧化层必须被破坏才能消除氢扩散至基体的障碍。因此,对大多数合金而言,需要进行活化处理,以使氢能够穿透氧化层。对于 TiFe 合金,这一活化处理的条件比较苛刻,需要在 400～450℃才能完成,而这显然不利于其实际应用。因此,围绕其活化性能的改善,进行了元素替换、非化学计量比、表面处理以及制备工艺优化等研究,其改善效果如表 3－5 所示。

　　1. 元素替代法

　　用少量过渡族元素替代 B 侧元素,在改变合金的热力学性能的同时也能显著提高其活化性能,降低活化孕育时间,主要原因是第二相的形成、第二相与 TiFe 相的相界面数量增加以及第二相的成分变化。相界面数量越多、第二相越活泼,合金的活化性能越好。例如,$Fe_{0.9}TiMn_{0.1}$ 在真空加热至 100℃时,Mn 发生了表面聚合,并与 Ti 形成了 $TiMn_{1～2}$ 相,这个相最先被氢化,并作为基体吸氢的"窗口",提高了 $Fe_{0.9}TiMn_{0.1}$ 合金的活化性能。此外,Mn 的添加也提高了 TiFe 合金抵抗气体杂质的能力。$TiFe_{0.85}Mn_{0.15}$ 合金在含有 300 ppm CO 的氢气中经过数次吸放氢循环后,储氢量降到一定程度后就不再进一步降低,而 TiFe 合金在循环中会一直发生容量的衰减,直至丧失储氢能力。这是由于 Mn 的添加促使了合金表面发生元素偏析,导致 Fe 颗粒的形成,从而有效阻碍了合金被氧化,提升了合金的抗气体杂质能力[43, 48]。

　　除了元素替代外,直接通过添加少量过渡金属元素或者稀土元素,也能有效地改善 TiFe 合金的活化性能[49, 50]。例如,通过添加 4 wt.％Zr,可以使得 TiFe 合金在 40℃下 10 分钟内的吸氢量达到 1.6 wt.％,分析表明这是晶界处形成了富 Zr 的第二相的作用。但是,Zr 的添加使得 TiFe 合金的吸放氢平台压力显著降低,滞后依然严重,而添加少量稀土元素,能在改善合金的活化性能的同时,保持其热力学性能基本不变。活化性能提升的原因是由于混合稀土先于 TiFe 基体吸氢导致其体积膨胀,从而在基体产生大量裂纹,这些裂纹提供了大量未被氧化的表面,使氢能够直接进入合金的基体[50]。

除了金属元素替代外,科研人员还研究了非金属元素 B、C、S 等对 TiFe 合金的作用[51, 52]。添加少量 B 或者 C 元素,$TiFeB_{0.001}$、$TiFeC_{0.001}$、$Ti_{1.1}FeB_{0.001}$ 和 $Ti_{1.1}FeC_{0.001}$ 的活化性能得到改善,但 γ 相的形成受到抑制,导致储氢量急剧下降,同时合金的平台会变得倾斜,平台压会升高。这与 B 或 C 的添加使合金形成 Ti 和 $TiFe_2$,以及 B 或 C 在间隙位置与氢的作用有关。当继续增加 TiFe 合金中 C 的含量时,在 $Ti_{1.02}FeC_{0.05}$ 合金中形成了 TiC 相,但是其并未显著地影响 TiFe 合金的储氢特性。将 S 添加至 TiFe 合金中,发现通过调控 S/Ti 含量比值,可以降低合金的活化温度,使合金的循环性能得到提高,这些性能的改变都与添加的 S 形成网状结构的 Ti_2S 有关。

表 3-5　AB 系合金动力学性能调控方法

调控方法	处理方式	激活条件	吸氢条件	第一次吸氢	参考文献
元素替代	TiFe	40℃抽真空 2h	2MPa,40℃,1h	不吸氢	[49]
	添加少量 Zr	80℃抽真空 1h	4MPa,80℃,2h	1.6 wt%	[50]
	$TiFe_{0.9}Mn_{0.1}$			不吸氢	
	添加少量 Ce			1.0 wt%	
表面处理	TiFe	20℃抽真空 1h	3MPa,20℃,20h	不吸氢	[53]
	表面沉积 Pd			0.57wt%	
	表面沉积 Pd	400℃抽真空 1h	3MPa,20℃,1h	0.77 wt%	[53]
	预官能团化＋表面沉积 Pd			0.86 wt%	
制备工艺	轧制前	150℃抽真空 2h	10MPa,30℃	＜0.2 wt%	[54, 55]
	轧制			0.3 wt%	
	轧制＋高压扭曲			1.75 wt%	

2. 非化学计量比法

非化学计量比法是 TiFe 合金活化性能改善的一个重要途径[40, 56]。在 $Ti_{1+x}Fe$ $(0 < x \leqslant 0.12)$ 合金中,TiFe 相的晶格常数随着 x 的增大单调递增,对于 Ti 含量在这个范围变化的合金,通常可以认为其是由单一的 TiFe 相组成。当 $0.1 \leqslant x \leqslant 0.5$ 时,随着 Ti 含量的增加合金呈现两相,基体为 TiFe 相,带状区域为 TiFe 与 β-Ti 的共晶混合物,并且随着 x 的增加共晶混合物的含量增加。对于这些合

金,可以不需活化而吸氢。这是由于 β - Ti 先于 TiFe 基体氢化而形成氢化物 TiH_2,其较大的体积膨胀使共晶带产生裂纹,同时也在基体 TiFe 中产生小裂纹,氢通过裂纹而被 TiFe 吸收。由于共晶带的数量多、分布均匀,合金的前几次的吸氢速率均快于单一 TiFe 相合金。微过量的 Ti 可以使合金的活化性能得到大幅提升,但是同时也会造成合金吸放氢平台的倾斜,继而降低合金的有效放氢量;过量的 Ti 在活化过程中会形成稳定的氢化物,不参与后续的吸放氢过程,也会导致合金有效放氢量降低。

3. 表面处理法

通过在酸、碱、盐等溶液中对 TiFe 合金进行表面处理,可以有效地破坏其表面致密氧化层,改善其活化性能。在 HCl、NaOH、$NiSO_4$、$MnCl_2$、$MmCl_3$ 溶液中处理后的 TiFe 合金表面分别发生了不同程度的腐蚀、充氢、置换和离子交换,这使得 TiFe 表面的氧化膜遭到破坏,进而使合金的表面成分发生了改变,并形成新的催化中心,促进了合金的活化。通过在 TiFe 合金表面进行化学气相沉积,利用乙酰丙酮钯的分解在其表面形成 Pd 纳米颗粒涂层,可以促进合金的氢化能力,即使合金暴露在空气中,其催化 H_2 分解的能力也不受影响[53]。但是,表面处理相对于其他方法来说,其步骤较为复杂,对环境不友好。

4. 制备工艺改进

除了用传统的熔炼方法制备 TiFe 基合金外,研究人员还通过机械合金化和自蔓延燃烧合成法制备 TiFe 基合金,发现通过制备工艺也可以改善合金的动力学性能[54,55,57]。机械合金化法是最常用的方法,将 Ti 和 Fe 的混合物球磨并在高于 500℃下退火,可以获得 TiFe 合金,通过这种方法制备的合金不需要活化就能够在室温下直接吸氢。塑性变形对动力学也有重要影响,对 TiFe 进行孔型轧制塑性变形和高压扭曲(High Pressure Torsion,HPT)剧烈塑性变形处理后,样品为纳米晶,拥有亚晶结构、高密度的位错和裂纹,不经过活化就能直接吸氢,并且活化后在空气中放置也不会失去活性。这表明起着运输氢快速通道作用的亚晶界、晶界以及裂纹可以显著提升合金的活化性能。自蔓延燃烧合成法也可以制备出活化性能良好的 TiFe 合金。将元素按比例充分混合后,在 0.9 MPa 的氢压下加热至 Ti-Fe 的共晶温度,当 Ti 和 Fe 元素之间开始反应后关闭加热电源,即可得到活化性能良好的 TiFe、$TiFe_{1-x}Ni_x$ 和 $TiFe_{1-x}Mn_x$ ($x \leqslant 0.5$) 合金。此类合金在室温下能够直接和氢气反应,同时合金的滞后性能也得到了改善,但合金的吸放氢平台变倾斜。

相比于传统的熔炼法制备的 TiFe 基合金,机械合金化和自蔓延燃烧合成法制备的 TiFe 基合金活化性能良好,但合金的平台特性较差,储氢量较低。因此,还需要后续的处理工艺对其综合储氢性能进行提升。

3.4 镁基合金的储氢性能

MgH_2 具有质量储氢量大（7.6 wt.% H_2）、能量密度高（9 MJ/kg）、可逆性较好、质量轻、原料储量丰富、成本低等优点，因此，备受国内外研究者的广泛关注，被认为是最具有应用潜力的储氢材料之一。但是，Mg 基储氢材料吸放氢条件比较苛刻，通常情况下，Mg 与氢的反应需在 300~400℃、2~40MPa 氢压下才能生成 MgH_2。其氢化物的稳定性很高，加之其平台压力较低，在低温、常压条件下难以分解，通常需要加热至较高温度（>350℃）才能使氢解析出来，而且吸放氢的速率非常缓慢。以上的这些缺点限制了它的实际应用，因此，在过去的几十年中，围绕上述关键性问题的研究工作大量开展，通过合金化、纳米化、添加催化剂等途径对 Mg 基储氢材料进行热力学和动力学性能调控。

3.4.1 镁基储氢合金的吸放氢反应热力学性质

合金化一种是改善 Mg 基储氢材料储氢性能传统且有效的手段，加入合金元素后会形成稳定性相对较弱的氢化物，弱化体系的 Mg－H 键，热力学性质因此得以改善。目前已经研究的元素主要可以分为过渡族金属元素（如 Ni、Nb 和 Ti 等）和稀土元素（如 La、Ce 和 Nd 等）。在所有合金元素中最具代表性的是过渡族金属元素 Ni。Mg_2Ni 氢化后的产物为 Mg_2NiH_4，与 Mg－H 键相比，Ni－H 键的强度较弱，因此，镁-氢体系中的氢化物稳定性得以降低[58]。Mg_2NiH_4 生成焓为- 64.5 kJ/mol，明显高于 MgH_2 的生成焓（- 74.5 kJ/mol）。因此，Mg_2NiH_4 的放氢温度明显低于 MgH_2，在 250~300℃，但同时由于 Ni 的引入，导致体系的理论储氢容量下降至 3.6 wt.%。

通过添加少量稀土元素可以改善 Mg_2Ni 的性能。La 替代 Mg 对铸态和快速凝固的 $Mg_{20-x}La_xNi_{10}$ 合金都能产生明显影响。少量 La 替代 Mg 可以促进快速凝固 $Mg_{20-x}La_xNi_{10}$ 合金的非晶化，显著改善合金的吸放氢速率和吸放氢容量[59]。当 La 的替代量为 2 时（$x=2$），其淬火态合金的放氢量最大，约为 2.7 wt.%，超过此替代量时，其吸氢容量和放氢容量都开始下降。这是因为当 La 替代量为 2 时，合金的主要物相并未发生改变，而超过此替代量时，主要物相从 Mg_2Ni 变为（La，Mg）Ni_3 和 $LaMg_3$ 相。此外，有研究者发现虽然 Mg 和 Fe 很难形成金属间化合物，但是当 Mg 与 Fe 以 2:1 的摩尔比混合，在一定氢压下进行长时间球磨后可形成 Mg_2FeH_6[60]，质量储氢密度达 5.5 wt.%，但 Mg_2FeH_6 的稳定性很高，其放氢温度也较高，放氢产物是 Mg 和 Fe，无法实现可逆吸氢。

同时，添加少量稀土和 Ni 形成 Mg－RE－Ni 合金的储氢性能得到广泛的关注[61, 62]。例如，$Nd_{4.3}Mg_{87.0}Ni_{8.7}$合金在吸放氢后形成 $NdH_2 - Mg - Mg_2Ni$ 复合材料，拥有优异的循环稳定性。如图 3 - 6 所示，合金循环 38 次后，其吸氢量达到最高为 4.77 wt.%，当循环次数为 819 次时，合金的吸氢量仍有 3.75 wt.%，容量保持率为 78.6%。其优异的循环稳定性能归因于该合金在第一次吸氢后原位形成的 $NdH_2 - Mg - Mg_2Ni$ 纳米复合材料，稳定的 NdH_2 抑制了镁晶粒的长大，合金相晶体结构和微观结构的高稳定性使得尺寸效应和催化效应得以维持，因此，合金在 819 次循环后仍然具有较高的容量。

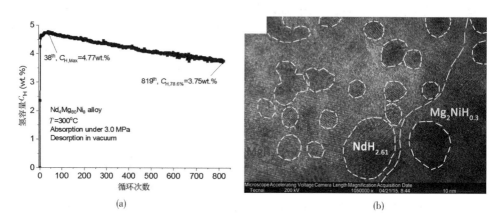

图 3 - 6　$Nd_{4.3}Mg_{87.0}Ni_{8.7}$合金的循环性能(a)和部分氢化后合金的 HR - TEM 图(b)[62]

综上所述，合金化可以在不同程度上改善镁基储氢体系的吸放氢热力学性质，其改善机理主要是通过形成新的化合物或合金元素的固溶削弱 Mg - H 键能，但是通常由于引入了大量不吸氢的金属元素，会导致整个合金体系的储氢容量降低。

3.4.2　镁基储氢合金的吸放氢反应动力学性能

为了提高 Mg 基储氢材料吸氢动力学性能，人们主要通过纳米化、添加催化剂等方法对其动力学性能进行调控，其改善效果如表 3 - 6 所示。

1. 纳米化法

纳米化是指通过一定的物理方法或化学方法将储氢材料制备成纳米尺寸，是目前提高储氢材料储氢性能的重要方法之一。当材料的尺寸降低到 100 nm 以下时，储氢材料将会拥有更大的比表面积，更高的晶界浓度和更短的扩散路径，由此能够增大反应面积，增加额外的表面能，加速氢原子在材料内部的扩散，进而缩短材料在吸放氢过程中的反应时间，使储氢材料具有更好的吸放氢动力学。镁基储氢材料纳米化的主要方法有高能球磨法、气相沉积法和纳米限域等。

表 3-6　Mg 基合金动力学性能调控方法

调控方法	处理方式	颗粒尺寸(nm)	放氢峰温(℃)	放氢速率	参考文献
纳米化/纳米限域	MgH_2	35 878 ±16 370	399	/	[64]
	球磨 150 h(200 r/min)	338±201	326	/	
	添加 TiH_2 球磨	5～10	/	提升 1 倍	[63]
	气相沉积制备纳米线	30～50	/	提升约 1.5 倍	[65]
	制备 Mg@TM(V,Co)	50	323	提升 0.5～1.7 倍	[66]
	CMK3 负载 MgH_2	4	253	提升约 2.5 倍	[67]
	石墨烯负载 MgH_2	50	340	/	[68]
催化剂	添加少量 Ni	/	/	提升约 3.5 倍	[69]
	添加少量 Al	/	/	提升 2.5 倍	
	添加少量 Fe	/	/	提升 2.3 倍	
	添加少量 Nb	/	/	提升 65%	
	添加少量 Ti	/	/	提升约 60%	
	添加少量 Nb_2O_5	/	/	提升约 6 倍	[70]
	添加少量 MoO_3	——	——	提升约 5 倍	[71]
	添加少量 K_2NiF_6	——	约 260℃	提升约 1.5 倍	[72]
	添加少量 LaH_3	——	——	提升约 1.6 倍	[73]
	添加少量 GNS	7.3	307℃	提升 1 倍	[74]

　　机械球磨法因其工艺简单、产量大等优点而在实验研究中广泛使用[63,64]。粉末材料在球磨过程中被磨球不断地碰撞,材料被挤压变形、断裂、冷焊,最终颗粒尺寸得以减小。将 MgH_2 在 0.7 MPa 氢压、转速为 175 rpm 的球磨条件下球磨 10 小时,晶粒尺寸可以从 35.9 μm 减小到 0.47 μm,MgH_2 的起始放氢峰温也比未球磨的样品降低了 61℃。此外,球磨法也可以将 MgH_2 和其他添加剂进行混合球磨,进一步改善 MgH_2 的性能。比如,球磨后的 $MgH_2-0.1TiH_2$ 粉末的晶粒尺寸为 5～10 nm,样品在 290℃拥有较好的吸放氢动力学性能。这主要是由于颗粒和晶粒尺寸的减小,增大了材料的比表面积和晶界面积,反应速率加快。

　　气相沉积法是指先将材料在一定温度下变为气体,接着在保护气氛下,通过快速冷凝将材料制备成纳米颗粒。例如,利用直流电弧等离子法通过控制吹扫气氛的流量可以制备出 30～50 nm 直径的 Mg 纳米线,在 300℃时,此样品 30 min 内的吸氢量为 7.6 wt.%,15 min 内的放氢量可达到 6.77 wt.%。当样品吸放氢循环 3 次后,其仍然保持纳米线结构,但是当循环次数增加至 10 次后,纳米结构发生了坍塌[65]。该法还可以制备 Mg-RE(RE＝Nd,Gd 和 Er)纳米颗粒,超细 Mg(RE)颗粒被纳米 MgO 和 RE_2O_3 包覆,因而具有特殊的金属氧化物型核壳结构,与纯 Mg 块体材料和纯 Mg 超细粉体相比较,呈现出良好的储氢性能[66]。气相沉积法所制备的 Mg 纳米颗粒动力学性能优异,但其在循环过程中结构稳定性有待进一步改善。

纳米限域是将储氢材料填充到模板材料里,利用模板材料的纳米孔道去减小储氢材料的颗粒尺寸,根据改变模板材料的孔径大小,可以制备出不同尺寸的纳米储氢材料。纳米限域不仅能增加反应物的表面积、缩短氢扩散距离、增加晶粒的边界数量,同时限制了反应物颗粒的长大,为化学反应提供一个独特的环境,从而促进氢的释放和吸收。采用的负载材料一般为介孔碳、石墨烯等具有大比表面积且稳定性好的材料[67, 68]。将介孔碳 CMK3 浸渍到二丁基镁-庚烷溶液中,然后在 250℃、6 MPa 氢压下加热,二丁基镁受热分解生成 MgH_2。如图 3-7(a)所示,在 MgH_2/CMK3 的透射电镜图片中,可以观察到 CMK3 通道里出现了一些小黑点,而这些黑点正是 MgH_2 纳米晶,表明 MgH_2 已经成功地负载到 CMK3 上。MgH_2 纳米晶的直径约为 4 nm,与 CMK3 的中孔直径一致。不同 MgH_2 负载量对 MgH_2 储氢性能有显著影响,如图 3-7(b)所示,不同负载率样品的温度控制放氢曲线显示随着负载量不断升高,放氢峰温不断上升,从 253℃ 上升至 358℃。这是因为随着负载量的增加,MgH_2 颗粒的体积超过了总孔隙的体积,无法全部被限制在 CMK3 的孔隙中,过量的 MgH_2 将作为大颗粒在 CMK3 表面,因此,导致了解吸温度的升高[67]。

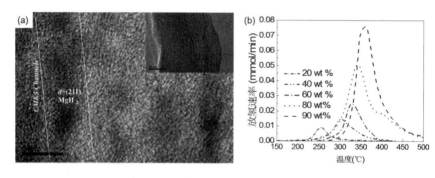

图 3-7　(a) MgH_2/CMK3 的透射电镜(Transmission Electron Microscope，TEM)
图片(负载率为 20 wt.％) (b) 不同负载率的 MgH_2/CMK3 样品的 TPD
(Temperature Programmed Desorption)放氢曲线[67]

采用纳米限域的方法虽然可以大幅度地提高吸放氢速率、降低 MgH_2 的放氢温度,但是由于其负载率较低,模板材料的存在使得体系的储氢容量大幅减小,因此很难达到实际应用的标准,如何提高 MgH_2 的负载率是纳米限域的一个研究重点。

2. 添加催化剂

在 Mg 基储氢材料中加入催化剂是降低吸放氢能垒,提高材料吸放氢速率的有效方法之一。与其他改性方法相比,此种方法不仅操作简单,同时能避免储氢容量的大幅度降低。催化剂的加入能促进氢的解离和重组、氢原子的扩散以及新相的形核长大等过程。目前,用于 MgH_2 的催化剂可以分为金属单质、金属间化合物、金属氧化物、金属氟化物、金属氢化物和碳材料等。

金属单质尤其是过渡族的金属元素如 Ti、Fe、Ni、Cu 和 Nb 等均能提高 MgH_2 的放氢速率,其中 Ni 的催化效果最好[69, 75]。研究发现通过球磨法制备的 MgH_2 和 Mg_2NiH_4 的混合物具有很好的协同效应,在球磨过程中 MgH_2 和 Mg_2NiH_4 会被"冷焊"而形成新的颗粒,放氢时 Mg_2NiH_4 会发生显著地收缩,这种收缩产生的应变会施加到相邻的 MgH_2 上,进而促进 MgH_2 的分解放氢。经过球磨后的混合物能在 $220\sim240℃$ 进行放氢,起始放氢温度与纯 MgH_2 和 Mg_2NiH_4 相比,分别减少了 $100℃$ 和 $40℃$,且混合物拥有 5 wt.% 的可逆储氢容量。但至少需要35 wt.% 的 Mg_2NiH_4 才能完全引发这种协同效应,若低于这个添加量,则总有一定量的 MgH_2 会在高温下才能放氢。除了一些金属单质和金属间化合物外,一些金属氧化物,如 Nb_2O_5、MoO_3、TiO_2 等对 MgH_2 的储氢性能有着很好的改善效果[70, 71, 76-78],其中 Nb_2O_5 的催化效果最好。Nb_2O_5 的添加量为 0.5 mol.% 时,MgH_2 样品在 $300℃$ 下可在 90 s 内放出 7 wt.% 的氢气[70](图 3-8)。这些过渡金属氧化物在吸放氢循环过程中被还原成低价态的金属氧化物 NbO、MoO_2 和 Ti_2O_3 等,如图 3-9 所示,MoO_3 在 $300℃$ 和 3MPa 氢压下转变成 MoO_2 相[71],这些低价态的金属氧化物成为真正的催化相,提供了氢吸附/解离的活性中心。氟化物和氢化物在对 MgH_2 的储氢性能改善上也有着较好的效果[72, 73]。MgH_2-5 wt.%K_2NiF_6 样品在 2 min 内吸氢量可达到 3.7 wt.%,10 min 内放氢量为 4.9 wt.%。机理分析表明,在加热过程中原位生成的 KF、KH 和 Mg_2Ni 起到了催化剂的作用,缩短了反应离子的扩散距离,作为脱氢产物成核和生成的活性中心,改善了 MgH_2 的动力学性能。添加 20 wt.% LaH_3,可以使 MgH_2 样品的放氢起始温度下降 $20℃$,其在 $275℃$ 时的可逆储氢容量可达 5.1 wt.%。

除上述材料外,各类碳材料包括碳纳米管、石墨烯近些年来也被人们广泛用于提高 MgH_2 的储氢性能。采用球磨法可以方便地制备出 MgH_2/单壁碳纳米管(Single Walled Carbon Nanotubes,SWNTs)复合材料,当球磨时间为 10 h,SWNTs 添加量为 5 wt.% 时,样品的吸氢动力学性能最佳。在 $300℃$ 下,样品 2 min 内吸氢量可达 6.7 wt.%;在 $350℃$ 下,样品在 5 min 内放氢量可达到 6 wt.%。若进一步延长球磨时间,SWNTs 的结构会被破坏,进而使得复合材料的储氢性能严重退化[79]。石墨烯是一种具有二维结构的材料,拥有较大的比表面积,良好的传导性,化学稳定性好,能够有效促进氢原子的扩散并阻止反应物的团聚,其因此成为研究的热点。高褶皱石墨烯纳米片(Graphene Nanosheets,GNs)以不规则和无序的方式分散在复合材料中,为反应提供了更多的边缘位置和氢扩

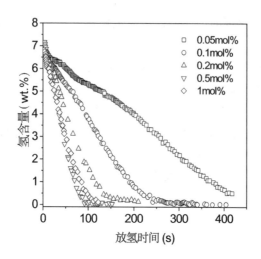

图 3-8　样品 MgH₂-x mol.％ Nb₂O₅ 球在 300℃真空下的放氢动力学曲线[70]

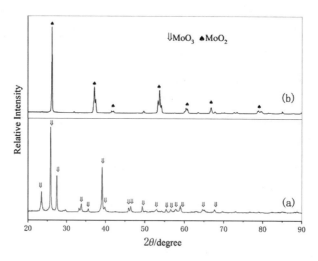

图 3-9　MoO₃的 XRD (Diffraction of X-Rays)图谱

(a) 球磨后样品,(b) 300℃、3 MPa 氢压下氢化后样品[71]

散通道,阻止了 MgH₂的烧结和团聚,从而提高了其储氢性能[74]。

　　在改善 MgH₂储氢性能的方法中,除了单独添加某一种催化剂外,还可以采用多种催化剂复合添加的方法。例如,采用球磨的方法制备的 MgH₂＋Ni＋石墨烯(G)样品,先添加 Ni 进行球磨后再加入石墨烯,制备的样品脱氢性能最佳,原因是在样品中产生了双效应,即 MgH₂晶格中的 Ni 固溶体和石墨烯负载 Ni 催化剂与 MgH₂基体之间的界面催化作用。在这些影响下,MgH₂的结构稳定性和 Mg－H 键强度明显减弱,从而显著降低了 MgH₂的脱氢焓和活化能[80]。MgH₂＋KOH＋

石墨烯(G)样品的动力学性能也比单独添加 KOH 和石墨烯的样品更优异,其中石墨烯的添加避免了 MgH_2 颗粒的聚集和长大,在反应过程中原位生成的 $KMgH_3$、MgO 和石墨烯共同扮演了催化剂的角色[81],它们的存在为反应提供了更多的"氢扩散通道",提高了氢扩散速率,使得放氢反应控速步骤由扩散变为化学反应。所以,采用球磨法和多种催化剂复合添加的方法可以结合纳米化和催化两种途径来有效地改善 MgH_2 的动力学性能。

3.5 V 基固溶体合金的储氢性能

在储氢合金中,V 基固溶体储氢合金具有 BCC 结构,理论吸氢量达到 3.8 wt.%,远大于 AB_5 型(1.4 wt.%)和 AB 型(1.86 wt.%)储氢合金,非常有利于实际应用,因此,V 基固溶体储氢合金受到广泛关注。V 基储氢合金的缺点是存在 2 个吸氢平台,而在常温常压下只能可逆地释放出第二平台的那部分氢气。此外,金属钒冶炼十分困难,使得其价格十分昂贵,也阻碍了其大规模应用。考虑到 V 基合金的吸放氢特性,要想使 V 基储氢合金更接近实际应用,必须要增加有效储氢量,即要使过于稳定的低压氢化物在接近于常温常压的环境下能可逆地释放氢,因此,必须对其进行热力学性质调控。国内外的研究学者在这方面做了大量的研究,主要研究方向是通过元素的添加或替代来改善钒基合金的热力学性质。

合金化可以改变钒氢化物的稳定性,尤其是添加过渡族金属元素。Ti 与 V 可以任意比例形成 BCC 固溶体合金,Ti 替换 V 可以降低成本,但是,Ti 的加入不利于降低 V 氢化物的稳定性[82],在 V-Ti 合金中添加 Cr、Fe、Mn 和 Ni 等元素可以升高 V-Ti 基合金的平台压力,使第二平台增宽,从而达到增加有效储氢量的目的。因此,学者们开发了一系列三元 V-Ti 基 BCC 固溶体型合金,其中研究较多的为 V-Ti-Cr、V-Ti-Fe 和 V-Ti-Mn 三元合金。

V-Ti-Cr 系合金会形成 BCC 结构的固溶体。Okada 等[83]对 Ti-V-Cr 体系的研究表明,Ti/Cr 比和 V 含量影响合金的显微组织和储氢性能。当 Ti/Cr = 5/8、含量小于 5 at.%时,合金主相是 Laves 相;当 V 含量大于 5at.%时,合金中出现 BCC 相;当 V 含量大于 15at.%时,合金主相转变为 BCC 相。BCC 相为主相的合金有效吸氢量约为 2.4 wt.%,而 Laves 相为主相的合金容量低于 1.8wt.%。因此,高钒含量的 Ti-V-Cr 体系是目前有效储氢容量最高的 V-Ti 基储氢合金。为了降低合金成本,用 Fe 置换部分 V 的 V-Ti-Fe 系合金受到研究者的青睐。但大量的研究表明,Fe 的添加会显著降低合金的放氢平台压力[84],虽然 $Ti_{33}V_{60}Fe_7$ 在室温下的最大吸氢容量可高至 3.9 wt.%,但是其在室温下的有效放氢量仅为 0.33 wt.%。Ti-V-Mn 系储氢合金是由 C14 型 Laves 相和 BCC

固溶体组成的两相共存合金,当各元素按不同比例变化时,两相的含量也相应地发生变化[85]。与 Ti-V-Fe 体系相似,Mn 的添加也显著降低了体系放氢平台压力,$Ti_{33}V_{60}Mn_7$ 在室温下的最大吸氢容量可高至 3.99 wt. %,但是其在室温下的有效放氢量仅为 0.17 wt. %。

为了进一步改善合金的综合储氢性能,多元合金化也是改善 V 基固溶体合金的重要途径。合金元素 Ti、Cr、Mn、Fe、Co、Ni、Cu、Zr、Pd、Hf、Al 和 Si 等与氢的亲和力是影响钒氢化物稳定性的主要因素。当合金元素与氢的亲和力比钒与氢的亲和力更强,会使 V-H 键增强,增高放氢温度,相反,则会使 V-H 键减弱,降低放氢温度[86]。γ 相氢化物的稳定性随着在同一周期中合金元素原子序数的增加先降低后升高[77]。

钒基固溶体合金在制备和应用的过程中,合金表面和内部会存在少量的 C、O 等非金属杂质,它们会占据固溶氢的位置,从而影响氢原子的吸收和扩散,进一步影响合金的储氢性能[87]。如图 3-10 所示,在 V-Ti-Cr-Fe 合金中,高氧含量合金的吸放氢平台压升高,平台区域变窄,吸放氢容量显著降低。这是由于在高氧含量(10 000 ppm O)合金形成了富氧第二相,BCC 相晶格常数较低氧含量(<300 ppm O)合金减小[87]。因此,在钒基固溶体合金的制备和应用的过程中,不能忽视非金属杂质元素对合金储氢性能的影响。

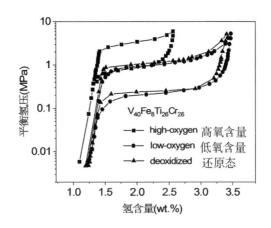

图 3-10　室温下不同氧含量的 $V_{40}Fe_8Ti_{26}Cr_{26}$ 合金 $p-c-T$ 曲线[87]

3.6　高熵合金的储氢性能

3.6.1　高熵合金的特点

高熵合金是一种多用途金属材料,在 2004 年首次被提出,其定义为:由 5 个或更多元素组成的单相合金,各组元成分在 5 at.％ ～ 35 at.％之间,以等原子比例或接近于等原子比例进行合金化,又称多主元合金。由统计热力学可知,高熵合金等比例原子混合熵与等比例原子组元数的关系为 $S=R\ln N$。元素组元数目 N 的值越大,高熵合金的混合熵的值越大,两种等摩尔元素的混合熵的值约为 $0.693R$,因此,传统合金即以某一元素为主要组元的合金,其混合熵的值一般小于 $0.693R$。对于 5 种元素等比例配比所构成的合金,其混合熵为 $R\ln 5=1.61R$,以 5 种元素等比例配比所构成的合金其混合熵值比传统合金至少高了约 2.32 倍。熵值的大小极大地影响了吉布斯自由能的大小,在高温时尤其显著。在高温状态时,因为高熵效应会使得合金整体的吉布斯自由能降低,使得合金在高温下保持热力学稳定状态,保持其固溶体结构,而不会析出结构较为复杂的金属间化合物。

储氢合金的发展趋势倾向于多元化,多元化能够有效改善合金的热力学和动力学性能,以及使用寿命等。多元化的高熵合金具有许多特殊的性质,包括元素多样化和简单固溶效应、易形成纳米析出物、高的热稳定性、优越的抗压与抗拉强度、高抗腐蚀性、特殊的电性与磁性等,这些特殊的性质使其有望成为调控合金储氢性能的一种新途径。

3.6.2 高熵合金的储氢性能

高熵合金作为储氢材料研究的新领域,国内外学者对它的报道十分有限。尽管目前高熵合金在储氢性能方面的研究不多,同时各个体系的研究也不够系统,储氢性能参差不齐,但作为一种新型理念的储氢体系,高熵合金将是储氢材料发展的新方向。目前已有报道的储氢高熵合金按照元素的组合可以分为三个体系:TiZrV 基高熵合金、含 Mg 高熵合金与其他体系,下面将对这三类高熵合金的储氢性能进行介绍。

1. TiZr 基储氢高熵合金

TiZrVCoFeMn 体系[78]高熵合金的储氢性能随着 Ti、V、Zr 三种元素含量的提升,储氢容量逐步增加。但当 Ti、Zr 元素含量过高时,储氢容量不升反降,储氢容量最高为 1.6 wt.％。虽然该系列合金首次系统地展示了高熵合金的储氢性能,但是这些高熵合金存在着 PCT 平台特性差、储氢容量较低等问题,限制了它们的发展。TiZrVHfNb 高熵合金的储氢性能如图 3 - 11 所示[88],在温度为 299℃条件下,具有一个明显的平台压,其值为 0.01 MPa,平台压范围在 0.3～1.7 H/M 之间,当测试氢压为 5.3 MPa 时,该合金储氢容量达到最大,此时,储氢量 H/M＝2.5,质量储氢密度为 2.7 wt.％。这是首次报道的过渡金属氢化物的最大储氢容量 H/M 超过 2 的实验结果。而等摩尔比的高熵合金 TiZrNbTa 也具有 BCC 结构,其吸氢温度从活化前的 442℃降到室温(如图 3 - 11(b)所示),吸氢动力学得到显著改善。活化后高熵合金中空位团簇尺寸和浓度都显著增加,而空位团簇能显著缩短氢的扩散距离和扩散路径,同时也为氢化物相提供了形核位点,这是其动力学性能改善的主要原因[89]。这些结果显示 BCC 结构的高熵合金具有较高的储氢容量和较快的动力学性能,作为储氢材料具有很好的发展潜力。

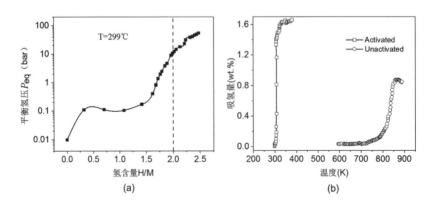

图 3-11　(a) TiZrVHfNb 合金在 299℃下的 PCT 曲线[88],(b) TiZrNbTa 合金的活化性能[89]

2. 含镁高熵合金

单质 Mg 的储氢容量较高,因此,人们试图通过添加 Mg 来提高储氢高熵合金的储氢容量。然而 MgTiVNiM(M=Al、Co、Fe、Cu、Mn、Cr)系列高熵合金的储氢性能并不理想[90]。在温度为 200℃时,MgTiVNiFe 高熵合金的吸氢动力学性能达到最优,此时,储氢量为 1.1 wt.％。这是由于 Mg 原子半径与其余几种元素相差过大,在高熵合金中 Mg 的溶解度并不高,未固溶的 Mg 单质吸氢温度通常在 300℃以上,吸氢温度为 200℃时大部分的 Mg 并未吸氢。类似的含 Mg 高熵合金 $Mg_2TiAlFeNiCr$ 在 300℃、4 MPa 条件下最大吸氢量为 1.50 wt.％[91]。显然含镁的高熵合金的储氢容量显著低于传统的镁基储氢合金。

3. 其他体系

LaNiFeVMn 体系的储氢高熵合金是利用传统储氢合金——$LaNi_5$ 合金,FeV 中间合金和 Mn 单质作为三个组元,按照不同配比采用激光成型技术制得的[92],该体系的高熵合金的储氢性能主要受 $LaNi_5$ 含量影响,其中 $LaNi_5$,FeV,Mn 三者以 6:2:2 配比的"622"合金储氢性能最优,储氢性能为 0.8 wt.％。虽然该体系的高熵合金储氢容量较低,但是将传统储氢合金与高熵合金结合在一起的研究为储氢高熵合金的成分设计带来了新的思路。

本 章 习 题

1. 简述储氢材料吸放氢反应热力学性质调控的主要途径并举例说明。

2. 简述储氢材料吸放氢反应动力学性能调控的主要途径并举例说明。

3. 元素替换能够改变 TiFe 合金的储氢性能，表 3-7 列出了 $TiFe_{1-x}Mn_x$ 合金的吸氢平台压。

（1）请根据下表数据计算合金的吸氢焓变 ΔH 和熵变 ΔS。

（2）分析 Mn 元素替换对 TiFe 储氢合金热力学性质的影响并简述造成这种影响的原因。

表 3-7　$TiFe_{1-x}Mn_x$ 合金的吸氢平台压

测试温度(K)	358	348	298	288	278
TiFe(MPa)		4.02	1.15	0.82	0.56
$TiFe_{0.9}Mn_{0.1}$(MPa)	3.72	2.94	0.74	0.53	0.37
$TiFe_{0.8}Mn_{0.2}$(MPa)	1.59	1.22	0.24	0.16	0.11

4. 催化剂的添加能够显著影响 Mg 基储氢材料的吸放氢反应动力学性能，表 3-8 列出了 Mg 基合金分别添加少量石墨烯（G）和 KOH 的 DSC（Differential Scanning Calorimetry）放氢峰温。

（1）请计算两种材料的放氢反应活化能。

（2）分析两种添加材料改善 MgH_2 放氢反应动力学性能的原因。

表 3-8　Mg 基合金的 DSC 放氢峰温

升温速率(℃/min)	2	5	10	20
MgH_2-3%G(℃)	322	343	356	372
MgH_2-7%KOH(℃)	305	325	336	356

参考文献

［1］DOE technical targets for onboard hydrogen storage for light-duty vehicles，The United States Department of Energy，2020. https：//www. energy. gov/eere/fuelcells/doe-technical-targets-onboard-hydrogen-storage-light-duty-vehicles.

［2］Van Vucht J H，Kuijpers F A，Bruning H C. Reversible room-temperature absorption of large quantities of hydrogen by intermetallic compounds［J］. Philips Research Report，1970，25：133-140.

［3］Willems J J. Metal hydride electrodes stability of LaNi₅-related compounds［J］. Philips Journal of Research, 1984, 147(1 - 2): 231 - 231.

[4] Ewe H, Justi E W, Stephan K. Elektrochemische Speicherung und Oxidation von Wasserstoff mit der intermetallischen Verbindung LaNi$_5$ [J]. Energy Conversion, 1973, 13(3): 109 -113.

[5] Van R M. In AF Andresen, AJ Maeland (eds.) Proc. Int. Symp. on Hydrides for Energy Storage[M]. Geilo 1977; Pergamon, Oxford. 1978: 261 - 271.

[6] Adzic G D, Johnson J R, Mukeijee S, et al. Function of cobalt in AB$_5$H$_x$ electrodes [J]. Journal of Alloys and Compounds. , 1997, 253/254: 579 - 582.

[7] Willems J J G, Buschow K H J. From permanent magnets to rechargeable hydride electrodes [J]. Journal of the Less Common Metals, 1987, 129: 13 - 30.

[8] Kanda M, Yamamoto M, Kanno K, et. al. Cyclic behaviour of metal hydride electrodes and the cell characteristics of nickel-metal hydride batteries [J]. Journal of the Less Common Metals, 1991, 172 - 174: 1227 - 1235.

[9] Iwakura C, Ohkawa K, Senoh H, et. al. Electrochemical and crystallographic characterization of Co-free hydrogen storage alloys for use in nickel-metal hydride batteries [J]. Electrochimica Acta, 2001, 46(28): 4383 - 4388.

[10] Mishima R, Miyamura H, Sakai T, et. al. Hydrogen storage alloys rapidly solidified by the melt-spinning method and their characteristics as metal hydride electrodes [J]. Journal of Alloys and Compounds, 1993, 192(1): 176 - 178.

[11] Yang S, Han S, Song J, et. al. Influences of molybdenum substitution for cobalt on the phase structure and electrochemical kinetic properties of AB$_5$-type hydrogen storage alloys [J]. Journal of Rare Earths, 2011, 29(7): 692 - 697.

[12] Yang S, Han S, Li Y, et. al. Effect of substituting B for Ni on electrochemical kinetic properties of AB5-type hydrogen storage alloys for high-power nickel/metal hydride batteries [J]. Materials Science and Engineering: B, 2011, 176(3): 231 - 236.

[13] Zhao X, Ding Y, Yang M, et. al. Effect of surface treatment on electrochemical properties of MmNi$_{3.8}$Co$_{0.75}$Mn$_{0.4}$Al$_{0.2}$ hydrogen storage alloy [J]. International Journal of Hydrogen Energy, 2008, 33(1): 81 - 86.

[14] 张森, 邓超. 新型 AB$_5$ 储氢合金表面修饰方法及机理研究 [J]. 物理化学学报, 2005, 10: 1146 - 1150.

[15] 秦海青, 刘文平, 林峰, 等. 纳米铜粉对储氢合金电极电化学性能的影响 [J]. 有色金属工程, 2016, 6(01): 18 - 21, 30.

[16] Yuan A, Xu N. A study on the effect of nickel, cobalt or graphite addition on the electrochemical properties of an AB$_5$ hydrogen storage alloy and the mechanism of the effects [J]. Journal of Alloys and Compounds, 2001, 322(1): 269 - 275.

[17] Chen W X, Xu Z D, Tu J P, et al. Hydrogen adsorption on hydrogen storage alloy surface and electrochemical performances of the MlNi$_{4.0}$Co$_{0.6}$Al$_{0.4}$ alloy electrodes before and after

surface treatment, International Journal of Hydrogen Energy, 2001, 26(7): 2675 - 2681.

[18] 押谷政颜. AB₅ 系合金的表面改性及电池性能 [M]. 日本首届镍氢电池讨论会, 1993:
    19 -22.

[19] Ikoma M, Yuasa S-i, Yuasa K, et al. Charge characteristics of sealed-type nickel/metal-hy-
    dride battery [J]. Journal of Alloys and Compounds, 1998, 267(1): 252 - 256.

[20] Cui R C, Yang C C, Li M M, et al. Enhanced high-rate performance of ball-milled MmNi$_{3.55}$
    Co$_{0.75}$Mn$_{0.4}$Al$_{0.3}$ hydrogen storage alloys with graphene nanoplatelets [J]. Journal of Alloys
    and Compounds, 2017, 693: 126 - 131.

[21] Kojima Y, Kawai Y, Towata S-I, et al. Development of metal hydride with high dissociation
    pressure [J]. Journal of Alloys and Compounds, 2006, 419(1): 256 - 261.

[22] 沈宝华, 陈丽萍, 姜晓丽. 非蒸发型吸气剂泵与离子泵组成的复合泵 [C]. 中国真空学会
    真空获得与测量学术交流会, 2001.

[23] Sivov R B, Zotov T A, Verbetsky V N. Interaction of ZrFe₂ doped with Ti and Al with hy-
    drogen [J]. Inorganic Materials, 2010, 46(4): 372 - 376.

[24] Jacob I, Shaltiel D. Hydrogen absorption in Zr (Al$_x$B$_{1-x}$)₂(B ＝Fe, Co) laves phase com-
    pounds [J]. Solid State Communications, 1978, 27(2): 175 - 180.

[25] Shaltiel D, Jacob I, Davidov D. Hydrogen absorption and desorption properties of AB₂
    Laves-phase pseudobinary compounds [J]. Journal of the Less Common Metals, 1977, 53
    (1): 117 - 131.

[26] Sivov R B, Zotov T A, Verbetsky V N. Hydrogen sorption properties of ZrFex (1.9 ≤x≤
    2.5) alloys [J]. International Journal of Hydrogen Energy, 2011, 36(1): 1355 - 1358.

[27] Wu E, Guo X, Sun K. Neutron diffraction study of deuterium occupancy of deuteride of
    laves phase alloy Ti$_{0.68}$Zr$_{0.32}$MnCrD$_{3.0}$[J]. Acta Metallurgica Sinica, 2009, 45: 513 - 518.

[28] 涂有龙. 高坪台压 Zr-Fe 系储氢合金改性研究 [D]. 北京:北京有色金属研究总院, 2014.

[29] Li Z, Wang H, Ouyang L, et al. Increasing de-/hydriding capacity and equilibrium pressure
    by designing non-stoichiometry in Al-substituted YFe₂ compounds [J]. Journal of Alloys and
    Compounds, 2017, 704: 491 - 498.

[30] Leng H, Yan P, Han X, et al. Microstructural characterization and hydrogenation perform-
    ance of Zr$_x$V₅Fe(x＝3 - 9) alloys [J]. Progress in Natural Science: Materials International,
    2020, 30(2): 229 - 238.

[31] Moghadam A H, Dashtizad V, Kaflou A, et al. Development of a nanostructured Zr₃Co in-
    termetallic getter powder with enhanced pumping characteristics [J]. Intermetallics, 2015,
    57: 51 - 59.

[32] Tanaka K, Sowa M, Kita Y, et al. Hydrogen storage properties of amorphous and nano-
    crystalline Zr-Ni-V alloys [J]. Journal of Alloys and Compounds, 2002, 330: 732 - 737.

[33] Cui H, Cui J D, Xu Y H, et al. Effects of electroless nickel on H₂, CO, CH₄ absorption
    properties of Zr-V-Fe powder [J]. Vacuum, 2014, 108: 56 - 60.

[34] Zhang T, Zhang Y, Zhang M, et al. Hydrogen absorption behavior of Zr-based getter materials with Pd-Ag coating against gaseous impurities [J]. International Journal of Hydrogen Energy, 2016, 41(33): 14778 – 14787.

[35] Jain A, Jain R K, Agarwal S, et al. Structural and Mössbauer spectroscopic study of cubic phase $ZrFe_{2-x}Mn_x$ hydrogen storage alloy [J]. Journal of Alloys and Compounds, 2008, 454 (1): 31 – 37.

[36] Yang X W, Li J S, Zhang T B, et al. Role of defect structure on hydrogenation properties of $Zr_{0.9}Ti_{0.1}V_2$ alloy [J]. International Journal of Hydrogen Energy, 2011, 36 (15): 9318 –9323.

[37] Han X, Yan P, Zhang D, et al. Hydrogen absorption behavior of non-stoichiometric Zr_{7-x} Ti_xV_5Fe ($x =$0, 0.3, 0.9, 1.5 and 2.1) alloys [J]. International Journal of Hydrogen Energy, 2020, 45(41): 21625 – 21634.

[38] Kil D, Suh Y, Jang H, et al. Nanosize Particles of ZrVFe Alloy by Pulsed Laser Ablation in Ethanol [J]. Materials transactions, 2005, 46(11): 2509 – 2513.

[39] Jeong M H, Kim H C. Chemistry E. Thermal Plasma Synthesis of Nano Composite Particles [J]. Applied Chemistry for Engineering, 2010, 21(6): 676 – 679.

[40] Reilly J J, Wiswall R H. Formation and properties of iron titanium hydride [J]. Inorganic Chemistry, 1974, 13(1): 218 – 222.

[41] Fischer P, Hälg W, Schlapbach L, et al. Deuterium storage in FeTi. Measurement of desorption isotherms and structural studies by means of neutron diffraction [J]. Materials Research Bulletin, 1978, 13(9): 931 – 946.

[42] Busch G, Schlapbach L, Stucki F, et al. Hydrogen storage in FeTi: Surface segregation and its catalytic effect on hydrogenation and structural studies by means of neutron diffraction [J]. International Journal of Hydrogen Energy, 1979, 4(1): 29 – 39.

[43] Sandrock G D, Goodell P D. Surface poisoning of $LaNi_5$, FeTi and (Fe,Mn)Ti by O_2, Co and H_2O [J]. Journal of the Less Common Metals, 1980, 73(1): 161 – 168.

[44] 马建新,潘洪革,李寿权,等. $Fe_{0.85}Mn_{0.15}Ti_{0.9}M_{0.1}$(M=Zr,V,Ca)合金的贮氢性能 [J], 稀有金属材料与工程, 2000, (2): 137 – 140.

[45] Oguro K, Osumi Y, Suzuki H, et al. Hydrogen storage properties of $TiFe_{1-x}Ni_yM_z$ alloys [J]. Journal of the Less Common Metals, 1983, 89(1): 275 – 279.

[46] Lanyin S, Fangjie L, Deyou B. An advanced TiFe series hydrogen storage material with high hydrogen capacity and easily activated properties [J]. International Journal of Hydrogen Energy, 1990, 15(4): 259 – 262.

[47] Qu H, Du J, Pu C, et al. Effects of Co introduction on hydrogen storage properties of Ti-Fe-Mn alloys [J]. International Journal of Hydrogen Energy, 2015, 40(6): 2729 – 2735.

[48] Nagai H, Kitagaki K, Shoji K. Microstructure and hydriding characteristics of FeTi alloys containing manganese [J]. Journal of the Less Common Metals, 1987, 134(2): 275 – 286.

[49] Jain P, Gosselin C, Huot J. Effect of Zr, Ni and Zr_7Ni_{10} alloy on hydrogen storage characteristics of TiFe alloy [J]. International Journal of Hydrogen Energy, 2015, 40(47): 16921 -16927.

[50] Leng H, Yu Z, Yin J, et al. Effects of Ce on the hydrogen storage properties of $TiFe_{0.9}$ $Mn_{0.1}$ alloy [J]. International Journal of Hydrogen Energy, 2017, 42(37): 23731 - 23736.

[51] Lee S M, Perng T P. Effects of boron and carbon on the hydrogenation properties of TiFe and $Ti_{1.1}Fe$ [J]. International Journal of Hydrogen Energy, 2000, 25(9): 831 - 836.

[52] Suzuki R, Ohno J, Gondoh H. Effect of sulphur addition on the properties of Fe-Ti alloy forrhydrogen storage [J]. Journal of the Less Common Metals, 1984, 104(1): 199 - 206.

[53] Williams M, Lototsky M V, Davids M W, et al. Chemical surface modification for the improvement of the hydrogenation kinetics and poisoning resistance of TiFe [J]. Journal of Alloys and Compounds, 2011, 509: S770 - S774.

[54] Edalati K, Matsuda J, Yanagida A, et al. Activation of TiFe for hydrogen storage by plastic deformation using groove rolling and high-pressure torsion: Similarities and differences [J]. International Journal of Hydrogen Energy, 2014, 39(28): 15589 -15594.

[55] Emami H, Edalati K, Matsuda J, et al. Hydrogen storage performance of TiFe after processing by ball milling [J]. Acta Materialia, 2015, 88: 190 - 195.

[56] Lee S M, Perng T P. Microstructural Correlations with the Hydrogenation Kinetics of Fe-Ti_{1+x} Alloys [J]. Journal of Alloys and Compounds, 1991, 177: 107 - 118.

[57] Wakabayashi R, Sasaki S, Saita I, et al. Self-ignition combustion synthesis of TiFe in hydrogen atmosphere [J]. Journal of Alloys and Compounds, 2009, 480(2): 592 - 595.

[58] Morinaga M, Yukawa H. Nature of chemical bond and phase stability of hydrogen storage compounds [J]. Materials Science and Engineering: A, 2002, 329 - 331: 268 - 275.

[59] Ren H P, Zhang Y H, Li B W, et al. Influence of the substitution of La for Mg on the microstructure and hydrogen storage characteristics of $Mg_{20-x}La_xNi_{10}$ ($x=0-6$) alloys [J]. International Journal of Hydrogen Energy, 2009, 34(3): 1429 - 1436.

[60] Gennari F, Castro F J, Gamboa J J C. Synthesis of Mg_2FeH_6 by reactive mechanical alloying: formation and decomposition properties [J]. Cheminform, 2003, 339 (1 - 2): 261 -267.

[61] Ouyang L Z, Yang X S, Zhu M, et al. Enhanced Hydrogen Storage Kinetics and Stability by Synergistic Effects of in Situ Formed $CeH_{2.73}$ and Ni in $CeH_{2.73}$ - MgH_2 - Ni Nanocomposites [J]. Journal of Physical Chemistry C, 2014, 118(15): 7808 - 7820.

[62] Luo Q, Gu Q F, Zhang J Y, et al. Phase Equilibria, Crystal Structure and Hydriding/Dehydriding Mechanism of $Nd_4Mg_{80}Ni_8$ Compound [J]. Scientific Reports, 2015, 5: 15385.

[63] Lu J, Choi Y J, Fang Z Z, et al. Hydrogen storage properties of nanosized MgH_2 - 0.1TiH_2 prepared by ultrahigh-energy-high-pressure milling [J]. Journal of the American Chemical Society, 2009, 131(43): 15843 - 15852.

[64] Varin R A, Czujko T, Wronski Z J N. Particle size, grain size and γ-MgH₂ effects on the desorption properties of nanocrystalline commercial magnesium hydride processed by controlled mechanical milling [J]. Nanotechnology, 2006, 17(15): 3856.

[65] Li W, Li C, Ma H, et al. Magnesium nanowires: Enhanced kinetics for hydrogen absorption and desorption [J]. Journal of the American Chemical Society, 2007, 129(21): 6710 - 6711.

[66] Zou J, Zeng X, Ying Y, et al. Study on the hydrogen storage properties of core-shell structured Mg-RE (RE =Nd, Gd, Er) nano-composites synthesized through arc plasma method [J]. International Journal of Hydrogen Energy, 2013, 38(5): 2337 - 2346.

[67] Konarova M, Tanksale A, Norberto B J, et al. Effects of nano-confinement on the hydrogen desorption properties of MgH₂[J]. Nano Energy, 2013, 2(1): 98 - 104.

[68] Huang Y, Xia G, Chen J, et al. One-step uniform growth of magnesiumhydride nanoparticles on graphene [J]. Progress in Natural Science: Materials International, 2017, 27(1): 81 - 87.

[69] Shang C X, Bououdina M, Song Y, et al. Mechanical alloying and electronic simulations of (MgH₂ +M) systems (M=Al, Ti, Fe, Ni, Cu and Nb) for hydrogen storage[J]. International Journal of Hydrogen Energy, 2004, 29(1): 73 - 80.

[70] Barkhordarian G, Klassen T, Bormann R. Effect of Nb₂O₅ content on hydrogen reaction kinetics of Mg [J]. Journal of Alloys and Compounds, 2004, 364(1): 242 - 246.

[71] Dan L, Hu L, Wang H, et al. Excellent catalysis of MoO₃ on the hydrogen sorption of MgH₂[J]. International Journal of Hydrogen Energy, 2019, 44(55): 29249 - 29254.

[72] Sulaiman N N, Juahir N, Mustafa N S, et al. Improved hydrogen storage properties of MgH₂ catalyzed with K₂NiF₆[J]. Journal of Energy Chemistry, 2016, 25(5): 832 - 839.

[73] Zhu X, Pei L, Zhao Z, et al. The catalysis mechanism of La hydrides on hydrogen storage properties of MgH₂ in MgH₂ +x wt. % LaH₃ (x=0,10,20, and 30) composites [J]. Journal of Alloys and Compounds, 2013, 577: 64 - 69.

[74] Liu G, Wang Y, Xu C, et al. Excellent catalytic effects of highly crumpled graphene nanosheets on hydrogenation/dehydrogenation of magnesium hydride [J]. Nanoscale, 2013, 5(3): 1074 - 1081.

[75] Zaluska A, Zaluski L, Ström-Olsen J O. Synergy of hydrogen sorption in ball-milled hydrides of Mg and Mg₂Ni [J]. Journal of Alloys and Compounds, 1999, 289(1): 197 - 206.

[76] Hanada N, Ichikawa T, Isobe S, et al. X-ray Absorption Spectroscopic Study on Valence State and Local Atomic Structure of Transition Metal Oxides Doped in MgH₂[J]. The Journal of Physical Chemistry C, 2009, 113(30): 13450 - 13455.

[77] Yukawa H, Takagi M, Teshima A, et al. Alloying effects on the stability of vanadium hydrides [J]. Journal of Alloys and Compounds, 2002, 330 - 332: 105 - 109.

[78] Kao Y F, Chen S K, Sheu J H, et al. Hydrogen storage properties of multi-principal-com-

ponent CoFeMnTi$_x$ V$_y$ Zr$_z$ alloys [J]. International Journal of Hydrogen Energy, 2010, 35(17): 9046 – 9059.

[79] Wu C Z, Wang P, Yao X, et al. Hydrogen storage properties of MgH$_2$/SWNT composite prepared by ball milling [J]. Journal of Alloys and Compounds, 2006, 420(1): 278 – 282.

[80] Zhang J, Qu H, Wu G, et al. Remarkably enhanced dehydrogenation properties and mechanisms of MgH$_2$ by sequential-doping of nickel and graphene [J]. International Journal of Hydrogen Energy, 2016, 41(39): 17433 – 17441.

[81] Leng H, Miao N, Li Q. Improved hydrogen storage properties of MgH$_2$ by the addition of KOH and graphene [J]. International Journal of Hydrogen Energy, 2020, 45(52): 28183 – 28189.

[82] Ono S, Nomura K, Ikeda Y. The reaction of hydrogen with alloys of vanadium and titanium [J]. Journal of the Less Common Metals, 1980, 72(2): 159 – 165.

[83] Okada M, Kuriiwa T, Kamegawa A, et al. Role of intermetallics in hydrogen storage materials [J]. Materials Science and Engineering: A, 2002, 329 – 331: 305 – 312.

[84] Challet S, Latroche M, Heurtaux F. Hydrogenation properties and crystal structure of the single BCC (Ti$_{0.355}$V$_{0.645}$)$_{100-x}$M$_x$ alloys with M＝Mn, Fe, Co, Ni (x＝7, 14 and 21) [J]. Journal of Alloys and Compounds, 2007, 439(1): 294 – 301.

[85] Iba H, Akiba E. The relation between microstructure and hydrogen absorbing property in Laves phase-solid solution multiphase alloys [J]. Journal of Alloys and Compounds, 1995, 231(1): 508 – 512.

[86] Kumar S, Tiwari G P, Krishnamurthy N. Tailoring the hydrogen desorption thermodynamics of V2H by alloying additives [J]. Journal of Alloys and Compounds, 2015, 645: S252 – S256.

[87] Ulmer U, Asano K, Bergfeldt T, et al. Effect of oxygen on the microstructure and hydrogen storage properties of V-Ti-Cr-Fe quaternary solid solutions [J]. International Journal of Hydrogen Energy, 2014, 39(35): 20000 – 20008.

[88] Sahlberg M, Karlsson D, Zlotea C, et al. Superior hydrogen storage in high entropy alloys [J]. Scientific Reports, 2016, 6: 36770.

[89] Zhang C, Wu Y, You L, et al. Investigation on the activation mechanism of hydrogen absorption in TiZrNbTa high entropy alloy [J]. Journal of Alloys and Compounds, 2019, 781: 613 – 620.

[90] 王稳. 轻质及含镁高熵合金的设计、微观组织及储氢性能研究 [D]. 兰州:兰州理工大学, 2014.

[91] 徐文祥. 含镁高熵合金组织结构及其性能 [D]. 合肥:安徽工业大学, 2018.

[92] Kunce I, Polański M, Czujko T. Microstructures and hydrogen storage properties of LaNi-FeVMn alloys [J]. International Journal of Hydrogen Energy, 2017, 42(44): 27154 – 27164.

第4章 储氢合金及其氢化物的制备方法

材料的4个基本要素是化学成分、组织结构、制备和加工、性能(包括物理性能、力学性能和化学性能)。化学成分、组织结构是影响材料性能的直接因素,而制备和加工工艺通过改变材料的组织结构间接影响材料的性能。其中组织结构是核心,性能是研究工作的落脚点和目标。本章节主要介绍金属氢化物的制备方法、原理、工艺流程和注意事项,以说明制备方法对合金储氢性能的影响。

不同的储氢合金制备方法,会对合金的组织形貌、吸放氢容量和速率产生影响。通常情况下,为了合金吸放氢反应较快发生,实际使用的合金为粉体。因此,如果制得合金为块体,一般需要通过制粉过程得到合金粉末。根据合金的成分配比,选择合适的原材料,通过熔炼法、机械合金化法、扩散法、烧结法、燃烧合成法、电沉积法等制备方法制取合金。另外,由于合金粉末表面会存在氧化、杂质吸附等问题,需要对合金粉末在一定氢气压力和温度条件下进行活化处理,制得金属氢化物。

表4-1给出了储氢合金不同制备方法的优缺点,可以看出不同的制备方法适用于不同类型的合金。熔炼法是应用最广泛的方法,几乎所有的合金都可以通过熔炼方式制备,如镁基、钛铁合金、稀土镍基合金等。机械合金化法对制备温度要求低,可用于制备熔点相差大、易挥发类的难熔炼合金,但其生产成本高、粉末易受球磨介质污染,不利于大规模生产。扩散法可以直接获得目标合金粉末,但产物受原料和还原剂杂质的影响,适用范围小。烧结法装置简单,可制备大块合金,但烧结过程工艺控制难,合金收得率低。燃烧合成法工艺简单,制备合金周期短,但反

表4-1 储氢合金的制备方法及优缺点

制备方法		制备方法的优缺点	
		优点	缺点
熔炼法	感应熔炼+随炉冷	可大规模生产,成本低	合金组织难控制;成分偏析明显
	悬浮熔炼+随炉冷	避免熔体与容器接触产生的污染	成分偏析;组织较为不均匀
	电弧熔炼+随炉冷	熔炼温度高;可熔炼难熔金属和活泼金属	能耗高;成分偏析;组织较为不均匀
	熔炼+熔体快淬	可大规模生产;成分和组织均匀;晶粒细化	需要保护气氛
	熔炼+气体雾化	制取均匀且细小球形合金粉末	粒度不易控制;易晶格变形

制备方法	制备方法的优缺点	
	优点	缺点
机械合金化法	制备温度低;易获得纳米晶和非晶;适用范围广;能制取难熔炼合金	工艺周期长,不利于大规模生产;粉末易受球磨介质污染
扩散法 还原扩散	直接制得合金粉末;设备和工艺简单	产物受原料和还原剂杂质的影响;还原剂和副产物难以清除
共沉淀还原扩散	直接制得合金粉末;成本低,合成工艺简单;可用于储氢合金的再生利用	合金强度较小
置换扩散	直接制得合金粉末;操作简单;成分均匀	适用范围小
烧结法	装置简单;可制备大块合金	过程难控制,合金收得率不高
燃烧合成法	工艺简单,能耗低;缩短合金活化工艺	反应过程复杂,重复性差;合金无定型
电沉积法	工艺简单;设备要求低	电镀液体系复杂;适用范围小

应复杂,可控性差。电沉积法工艺简单,对设备要求低,但电镀液体系复杂,适用范围也较小。下面对各种制备方法的原理、流程和应用实例详细介绍。

4.1 熔炼法

4.1.1 熔炼法简介

合金熔炼是指将一定成分配比的块体金属原料加热熔化,然后冷却成型的过程。熔炼法是目前工业上最常用的合金制备方法,具有大批量生产、成本低等优点。由于储氢合金中稀土、镁、钛等元素容易发生氧化,在熔炼过程中需要在真空或惰性气体气氛中进行熔炼。根据熔炼的加热和冷却方式不同,又分为感应熔炼、悬浮熔炼、电弧熔炼、熔体快淬和气体雾化等方法。其中,感应熔炼、悬浮熔炼和电弧熔炼制备的合金由于冷却速率的限制,合金常存在明显成分偏析和组织不均匀现象。为了增加熔体的冷却速率,发展出了熔体快淬和气体雾化方法。熔炼法的工艺流程如图4-1所示。

1. 感应熔炼法

感应熔炼的原理是通过在水冷铜线圈上施加高频电流,通过电磁感应效应使线圈中的金属原料产生感应电流,感应电流在金属原料中产生热量,使金属原料被加热和熔化。熔炼时,通常需要对炉体抽真空或充入氩气等保护气氛,尽可能避免高温熔炼时发生氧化现象。常见的真空感应熔炼炉原理如图4-2所示。

感应熔炼的加热过程包括交流电产生交变磁场、交变磁场产生感应电流以及

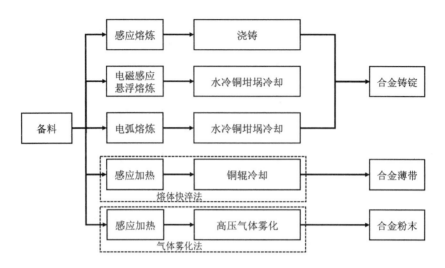

图 4-1 熔炼法的工艺流程图

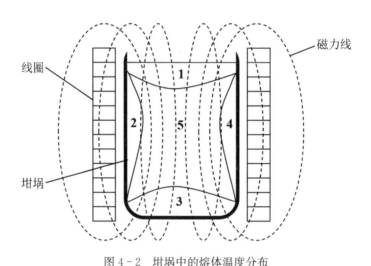

图 4-2 坩埚中的熔体温度分布

1 为低温区;2 和 4 为中温区;3 靠近坩埚底部为低温区;5 为高温区

感应电流转变成热能。交流电通过坩埚外侧的螺旋形水冷铜线圈时,在线圈包围的空间及四周产生了磁场,磁场的极性和强度取决于水冷铜线圈的电流强度、频率、线圈匝数以及几何尺寸。一部分穿透金属原料的磁力线随着交流电电流方向的变化而周期性变化,因此,磁力线切割了金属原料,相当于导体做切割磁力线的运动,在金属原料间的闭合回路内产生了感应电动势 E,其大小通过下式表示:

$$E = 4.44 f \phi \tag{4-1}$$

式中,f 为交变电流的频率,ϕ 为交变磁场的磁通量。在感应电动势 E 的作用下,

金属原料中产生了感应电流 I,其大小服从欧姆定律:

$$I = \frac{4.44 f \phi}{\Omega} \quad (4-2)$$

式中,Ω 为金属原料的有效电阻。金属材料内产生的感应电流在流动中克服电阻,从而由电能转换成热能,使得金属原料被加热并熔化。感应电流产生的热量 Q 服从焦耳楞次定律:

$$Q = I^2 R t \quad (4-3)$$

式中,t 为通电时间。

在加热时,坩埚内的温度分布是不均匀的,一般熔体的温度分布分为 5 个区域,图 4-2 中 1 和 3 为低温区,2 和 4 为中温区,5 为高温区。在加料时应根据金属熔点的不同放置不同的金属,即在低温区放置较低熔点的合金,在高温区放置较高熔点的合金。表 4-2 给出常见金属的密度和熔点等性质。

表 4-2　储氢合金中常用金属的特性[1]

金属	相对原子质量(g/mol)	密度(g/cm³)	熔点(℃)
Mg	24.32	1.74	651
Al	26.99	2.70	660
Ti	47.9	4.51	1 660
V	50.95	5.7～6.0	1 700
Mn	54.94	7.43	1 244
Ni	58.70	8.90	1 453
Fe	55.84	7.87	1 527
Co	58.93	8.70	1 495
Cu	63.54	8.98	1 083
Zr	91.22	6.52	1 830
La	138.91	6.17	920
Ce	140.12	6.80	798
Nd	144.20	7.00	1 060
Sm	150.40	7.52	1 016
Mm(混合稀土)	139.6～141.0	6.5～7.0	870～950

感应熔炼方法与常规电阻加热法相比,具有加热速率高,熔炼效果好等特点。熔炼时带有电磁搅拌作用,有利于合金成分的均匀化,合金收得率较高。感应熔炼炉的加热功率调节方便,设备结构简单,操作维修方便。但是,熔炼过程中坩埚与熔体接触可能会对合金造成一定的污染,在熔炼熔点差异较大的合金时,容易出现低熔点金属烧损现象,导致熔炼的合金成分出现偏差。

2. 电磁感应悬浮熔炼法

电磁感应悬浮熔炼是一种无坩埚熔炼技术,利用通入线圈的交变电流产生交变电磁场,位于线圈内的金属原料产生感应电流,依靠电磁场和感应电流之间相互作用形成的电磁力使金属熔体悬浮,同时感应电流使金属原料加热和熔化。其原理如图4-3所示。

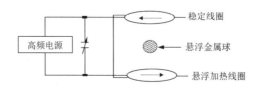

图4-3 电磁悬浮熔炼的基本电路

由于交变磁场沿金属表面变化,假定渗透层与金属厚度相比非常小,则设定的功率 W:

$$W = \frac{1}{2} H_m^2 \cdot \sqrt{\frac{\omega \mu \rho}{2}} \tag{4-4}$$

式中,ω 为角频率;μ 为金属的导磁率;ρ 为金属的电阻率;H_m 为沿金属表面的磁场强度;那么金属材料的悬浮力 F:

$$F = \frac{1}{2} H_m^2 \cdot \mu = \sqrt{\frac{\mu}{\pi f \rho}} \cdot W \tag{4-5}$$

由式(4-5)可知,如果功率 W 一定,则悬浮力 F 与频率 f 有关。频率越高,悬浮力越小;频率越低,悬浮力越大。

电磁感应悬浮熔炼的加热过程与电磁感应熔炼基本一致,但电磁感应悬浮熔炼时熔体与坩埚无接触,可以获得高纯度、少夹杂的合金铸锭。电磁力引起的强烈搅拌提高了熔体的成分均匀性。熔炼过程中可进行合金添料,保证了化学成分的比例。熔化速度快,操作方便,熔炼试样可以是任意形状,不必压制电极。但这种熔炼方式存在熔炼量小、电效率低、技术复杂以及温度控制难等缺点。

3. 电弧熔炼法

电弧熔炼是利用电弧加热合金的技术。熔炼时在石墨电极与原料之间产生高压电弧,电弧电离产生的等离子体使金属或合金原料达到极高温度,从而有效地去除金属和合金中的高饱和蒸气压的金属杂质与间隙相杂质。电弧熔炼的原理图如图4-4所示。

电弧熔炼炉一般使用直流电作为电源。这是因为使用交流电时,每个频率周期内,两极之间都会出现瞬间的零电压。零电压的出现会增加电弧熄灭概率,严重降低熔炼的效率及质量,而直流电压是稳定的,不会出现零电压,电弧熄灭的情况

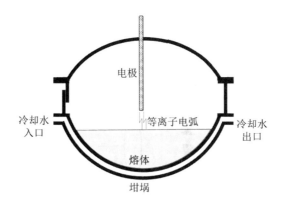

图 4-4　电弧熔炼原理图

也会大大减少。此外,如果是在真空条件下进行电弧熔炼,两极之间气体密度趋近于零,引弧相对困难,且电弧也容易熄灭。因此,一般电弧熔炼在氩气气氛下进行。由于电弧熔炼的温度较高,常用水冷却的铜坩埚作为原料的容器。

电弧熔炼法的优点是熔化固体炉料的能力强,且加热温度和加热速率极快,通常用于熔炼熔点差异大、熔点高但不易挥发的金属。电弧熔炼法热效率较低,耗能较大,存在易烧损元素时,成分不易控制。

感应熔炼、悬浮熔炼及电弧熔炼后,熔体一般随炉冷却。水冷铜坩埚的冷却速度通常小于 $10℃/s$,导致这三种方法制备的合金会存在成分偏析、组织不均匀现象,进而引起合金的吸放氢平台倾斜。为了增加熔体的冷却速率,减少成分偏析并细化组织晶粒,冷却方式可以采用熔体快淬和气体雾化法。

熔体快淬是在高纯氩气的保护下,通过感应加热或电弧加热使熔融的合金熔液喷射到高速旋转的铜辊表面,熔体以极高的冷却速度快速凝固形成合金快淬条带。轧辊法是常用的快淬方式,将合金熔体喷射在旋转冷却的轧辊(单辊或双辊)上,冷却速率为 $10^2 \sim 10^6 ℃/s$,激冷凝固成薄带,因此,又称甩带法,如图 4-5 所示。在制取含活性金属元素(如 Mg、Ti、La 等)的合金时,整个过程应在真空或惰性气氛中进行。

熔体快淬的冷速极高,可以使多种金属及合金形成纳米晶或非晶态。而且,由于冷却铜辊的转速及液态金属及合金的喷射压力是可调的,所以,冷却速度可以严格控制,从而控制金属或合金的晶粒度。金属或合金的晶粒尺寸随过冷度的增加而减小。由于合金凝固时间短,合金晶粒较为细化,宏观成分偏析被抑制,组织较为均匀。

气体雾化法是利用高压气体作为雾化介质来破碎连续的熔融金属细流,使得合金在较快的冷却速率下凝固成粉体的方法。气体雾化法的装置示意图如图 4-6

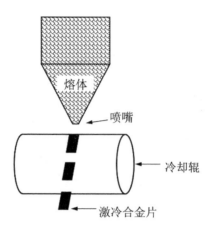

图4-5 轧辊冷却示意图

所示。高温熔体呈细流流出,液滴落入放置于下面的雾化喷嘴中心,在出口的喷嘴处喷出高压惰性气体(如氩气),破碎熔体成细小液滴,液滴在下落过程中被击碎并冷却凝固成固态球状粉末,收集于粉末收集桶。

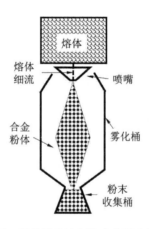

图4-6 气体雾化法制取合金粉末示意图

由于雾化桶和收集器无法完全隔绝氧气,在高温条件下,合金长时间暴露在微量的氧气中,会在合金粉末表面形成一层氧化层。氧化层的存在会阻碍氢气的渗透,进而影响合金的吸放氢性能。实验发现,粉末收集桶中堆积的粉末温度最高不能超过400℃,以避免合金粉末在堆积时由于温度过高而导致粉末氧化。常用强制冷却的方法提高粉末的冷却速率,使得氧化得到抑制。此外,还可以在雾化桶中从下往上通入氩气,使得下落的粉末被搅乱,延迟粉末下落时间,提高冷却效率。

通过熔体快淬法得到的合金吸放氢平台平坦,可逆吸氢量大,电极的耐腐蚀性能优。而且由于晶粒较细,产生较多的微晶晶界,氢的扩散较快,吸放氢速率也相对较快。但熔体快淬法制取易氧化合金时,需要整个装置在真空或惰性气氛中进行,快冷工艺复杂,对设备要求高,也提高了制备成本。气体雾化法具有工艺技术成熟、成粉率高、成本相对较低等优点,制备的粉末纯度高、球形度高、粒度分布窄、环境污染小。但是粒度不易控制,易发生晶格畸变,影响储氢合金吸放氢性能。

4.1.2 熔炼法在金属氢化物制备中的应用

熔炼法是实验室及工业上最常用的合金制备方式,绝大部分储氢合金,包括 AB_5 型、AB 型、A_2B 型、AB_2 型、Mg 基合金和 V 基固溶体,均能用熔炼法制备。除了气体雾化法,其他熔炼方法制取的合金需要进一步采用机械粉碎的方法制成合金粉末。

不同熔炼方法制备的合金特征如表 4-3 所示。气体雾化法制成的合金粉末为球状粉末,而感应熔炼、悬浮熔炼、电弧熔炼及熔体快淬法制备的合金块或合金片经机械粉碎后常呈不规则的多边形。大部分制取的合金需要通过热处理减少成分偏析及晶格变形,进而减小合金粉末的吸放氢平台倾斜度,增强吸放氢动力学性能。

表 4-3　不同冷却方式制备的合金特征

熔炼方法	随炉冷却	熔体快淬法		气体雾化法
冷却速度(℃/s)	< 10	$10^2 \sim 10^4$	$10^4 \sim 10^6$	$10^2 \sim 10^4$
合金形状	块状	薄片状	带状	球状粉末
组织均匀度	不均匀	均匀	均匀	均匀
结晶组织	/	柱状晶	柱状晶	等轴晶
结晶晶粒尺寸(μm)	10~100	< 20	< 10	< 20
晶格变形程度	大	小	小	大
是否需要制粉	是	是	是	否

采用感应熔炼法和铜辊甩带快速冷却方法制备 $LaY_{1.9}Ni_{10.2-x}Al_xMn_{0.5}$ 合金的 XRD 图谱和 $LaY_{1.9}Ni_{10.2}Mn_{0.5}$ 合金的扫描电镜组织照片如图 4-7 所示[2]。采用的原料纯度都大于 99.5%,其中用 YNi 合金代替纯 Y 作为母合金,为了补充烧损量,多加入 2 wt.% La、1 wt.% Y、5 wt.% Mn 和 3 wt.% Al,铜辊的线速度为 4.33 m/s。制得的薄带在 875℃ 退火 16 h 以消除非晶和晶格畸变。XRD 图显示 $LaY_{1.9}Ni_{10.2}Mn_{0.5}$ 合金包含 Ce_2Ni_7 和 Gd_2Co_7 两种类型的 La-Y-Ni(Al,Mn) 合金,SEM 图中可以看到其组织分布较为均匀。这种合金最大放电容量稳定在

375 mAh/g,并且对应于 x 从 0 至 0.6 的替代量,循环容量保持率分别为 59.4%、62.0%、62.7% 和 58.7%。

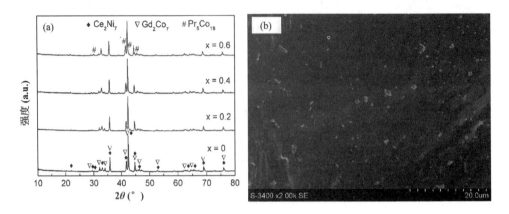

图 4-7 (a) 感应熔炼制备的 $LaY_{1.9}Ni_{0.2-x}Al_xMn_{0.5}$ 合金的 XRD 图谱,
(b) $LaY_{1.9}Ni_{10.2}Mn_{0.5}$ 合金的组织照片[2]

采用熔体快淬法制备的 $Mg_{67}Ni_{33}$ 合金的显微组织照片如图 4-8 所示[3]。铸态合金由于冷却速度较慢,包晶反应 $L+MgNi_2 \leftrightarrow Mg_2Ni$ 反应不完全,合金中含有少量的 $MgNi_2$ 相。使用熔体快淬的方法不仅能去除不吸氢的 $MgNi_2$ 相,还可以细化晶粒,使合金的二次枝晶臂间距由铸态的 82.8 μm 减小到 2.3 μm。图 4-8(b)中黑色的区域被认为是合金快速凝固时收缩形成的孔隙。孔隙可以作为氢原子的存储位置和扩散通道,有利于提高合金的吸氢能力和动力学性能。活化后的 $Mg_{67}Ni_{33}$ 薄带可在 30 s 内吸氢达到 60% 的最大容量。

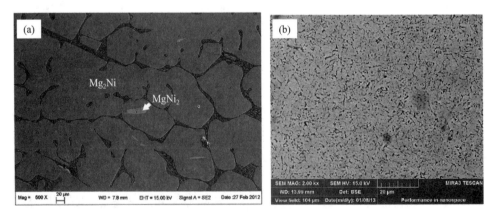

图 4-8 $Mg_{67}Ni_{33}$ 合金的微观结构图:(a) 铸态合金,(b) 熔体快淬合金[3]

4.2 机械合金化法

4.2.1 机械合金化法简介

机械合金化法是指材料在固态下通过机械能输入,驱动其内部反复发生形变、冷焊、细化等,实现原子扩散、反应以及相变的过程,从而实现超细粉体、合金化或化合物制备的一种方法,其工艺流程图如图4-9所示。初始粉末(两种或多种元素粉末或金属化合物粉末等)与球磨介质按一定配比一起置于密封的球磨容器内,通过高能球磨机长时间的高速旋转、振动、搅拌等运动方式,将密集的高强度机械能传递给粉末混合物,粉末颗粒在球磨介质的反复撞击下,经受反复的挤压变形、冷焊、破碎而逐渐细化,在粉末原子间相互扩散或进行固态反应而实现合金化。

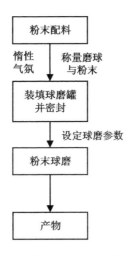

图4-9 机械合金化法的工艺流程图

常见的球磨设备主要有搅拌球磨机、振动球磨机、行星球磨机和滚动球磨机,不同球磨机的示意图如图4-10所示。搅拌球磨机通过筒体内高速转动的搅拌叶片对球磨介质施加快速而频繁的冲击,使磨球间产生剧烈的相对运动从而对粉末进行连续的冲击粉碎和研磨;振动球磨机通过高频振动筒体内的磨球,从而对其间的物料产生摩擦、剪切和撞击的作用以达到破碎粉体目的;行星球磨机将球磨罐绕自身中心的自转和以设备中轴作为中心的公转相互结合,使内部磨球在惯性作用下对物料产生较大的冲击和摩擦效果,促使粉体破碎;滚动球磨机通过离心力的作用,使磨球贴在筒体内壁转动,并被带到高处自由下落,利用磨球的冲击和磨球与筒体内壁以及磨球间因相对运动而产生的摩擦作用对物料进行碾磨、破碎。振动球磨和行星球磨的能量较高,但生产能力有限,适合于实验研究;搅拌球磨和滚动球磨能量较小,但生产能力大,适合于工业生产。目前应用比较广泛的是行星球磨机及振动球磨机。

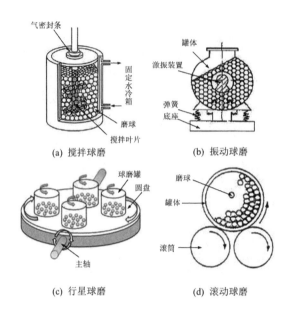

图 4-10　不同机械合金化设备内球的运动

　　球磨的主要工艺参数有球的材质和尺寸、球料比、转速和球磨时间等[4]。常见的磨球有不锈钢球、玛瑙球、锆球等。若采用不锈钢球,会在球磨过程中引入铁元素,影响合金的成分。但是铁元素的加入也可能起到催化作用,增强合金吸放氢动力学过程。球的大小一般会影响粉末的大小和形貌,球磨时应同时添加不同尺寸的球,提高球磨效率。球料比一般在 5～100 之间,随着球料比的增加,制备的合金非晶化程度增大,而铁元素也越容易引入。低的转速一般会导致球磨时间过长,且由于机械能不足,合金成分会不均匀。因此,球磨一般要求在较高的转速下进行。但是转速过高会导致罐内温度上升明显,造成球料粘连,并且造成球的磨损,进而引入更多的杂质。球磨的转速可以根据实际制备的合金,通过实验进行确定。球磨时间一般结合转速以及球磨后的合金成分、物相均匀与否、晶粒大小等实验结果进行确定。随着球磨时间的增加,合金的晶粒尺寸会下降,但是其存在极限值。

　　固体粉末原料的机械合金化过程可以根据粉末的性质不同分为延性-延性、延性-脆性和脆性-脆性粉末体系。不同性质粉末机械合金化后获得的合金化、粉末粒度、缺陷密度等状态不同。

　　延性组分间的机械合金化过程可分为 5 个阶段:①球与粉末碰撞产生局部"微

锻",延性粉末变成片状或碎块状,粉末的粒度随球磨时间的延长而不断减小,少量粉末被冷焊到磨球表面;②冷焊持续进行,粉末被焊合在一起形成层状的复合组织,随着断裂和冷焊的交替进行,复合组织发生加工硬化,硬度和脆性增加,粒度进一步细化,层间距减小,复合层状组织发生卷曲;③在各种因素共同作用下进行合金化,如球磨产生的热效应、塑性变形产生的晶体缺陷、层状组织的细化和弯曲引起的扩散距离缩短等;④随着球磨过程的继续进行,合金组织的层间距进一步减小;⑤球磨体系的组分逐步均匀化,组分之间在原子尺度上实现机械合金化。属于延性-延性体系的主要是一些面心立方结构的金属与金属组成的合金体系,如 Al-Cu、Ag-Cu、Cu-Ni、Fe-Cr、Ni-Cr 等。

延性-脆性粉末体系的机械合金化机理和延性-延性粉末体系基本相同,延性组元在机械合金化过程中同样有微锻薄片化和破碎断裂的过程,不同的是脆性组元很快被粉碎,弥散于延性组元基体中。属于延性-脆性粉末体系的主要有氧化物弥散强化合金、金属与类金属(Si、B、C)以及金属与金属间化合物等。

脆性组元主要发生细化作用,无法像延性-延性和延性-脆性粉末体系一样发生一系列的微观组织变化。脆性-脆性粉末体系的扩散机制更为复杂,脆性组元在达到颗粒粉碎极限后,由于组元间的脆性差异,更脆的组元可以嵌在脆性较小的组元中,且可能发生塑性变形。脆性组元粒度达到极限值后,进一步球磨粉末颗粒的尺寸不再减小,这时球磨提供的能量可能改变粉末的热力学状态而引起合金化。早期人们普遍认为脆性-脆性体系不可能发生机械合金化。但是后来实验证实某些体系可以发生机械合金化,如形成固溶体的 Si-Ge 体系,形成金属间化合物的 Mn-Bi 体系以及形成非晶合金的 Ni-Zr 体系。

机械合金化法与传统熔炼方法显著不同,它主要利用机械能,在远低于材料熔点的温度下由固相反应制取合金,同时可以添加氢气气氛,直接制取金属氢化物。在机械球磨过程中,合金产生大量的应变和缺陷,对于那些熔点相差很大或密度相差很大的元素,它比熔炼法更具有独特的优点:①可制取熔点或密度相差很大的金属的合金,如 Mg-Ni、Mg-Nb 等体系;②可制备亚稳相和非晶相;③颗粒细化且生成超微细组织(微晶、纳米晶),露出大量的新鲜表面,增强合金吸放氢动力学性能,降低活化能;④工艺设备简单,无须高温熔炼及破碎;⑤可制取添加催化剂或负载的纳米金属氢化物粉末。

4.2.2 机械合金化法在金属氢化物制备中的应用

机械合金化法由美国国际镍公司的 J. S. Benjamin 及其合作者在 20 世纪 60 年代后期开发,最先应用于制备弥散强化镍基高温合金[5]。由于在制备过程中易形成纳米晶、非晶,能改善储氢合金的吸放氢性能,因此,机械合金化法被广泛地应

用制备 AB_5 型、AB 型、A_2B 型、AB_2 型、镁基合金和钒基固溶体合金[6]。

由于镁的熔点温度较低而蒸汽压又很高,采用熔炼法制备镁基合金较为困难,因此,机械合金化法主要应用于合成镁基储氢材料。不同的球磨时间和球磨速度会对合金的组织和性能造成显著影响。球料比 20:1 的 Mg_2Ni 和镍粉,以不同转速球磨 40 h 后的 χ 射线衍射图如图 4-11 所示[7]。当转速为 100 rpm 时,仍能观察到 Mg_2Ni 和 Ni 的峰,说明此时球磨强度较低,Mg-Ni 合金不足以在机械合金化的作用下转变为非晶。随着转速的增大,球磨强度提高,Mg_2Ni 和 Ni 的主峰全部消失,只能看到一个非晶包,说明转速较高时通过球磨可以获得非晶态的Mg-Ni 合金。球磨时的温度越高,越利于金属间化合物的形成;温度越低,越利于非晶的形成[8]。转速为 300 r/min 时,球磨过程中产生的高温抑制了非晶的形成,因此,200 r/min 球磨的合金非晶包更宽、更低,非晶化程度更高。非晶结构中存在的大量晶体缺陷既增加了氢原子的存储位置,也为其在合金内部扩散提供了快速通道,从而提高合金的电化学性能。对于球料比为 20:1,研磨 40 h 的合金,转速为 100 r/min 时合金的放电容量较低,只有 50 mAh/g;当转速为 200 r/min 时,非晶形成率提高,合金放电容量得到很大改善,能达到 202 mAh/g。球料比也是一个影响机械合金化效果的重要参数,其对 Mg-Ni 合金放电容量的影响如图 4-12所示。虽然提高球磨强度能增加非晶的形成概率,但料比较小时,随着磨球数量的降低,单位时间内的有效碰撞次数大大减少,机械合金化的作用难以得到体现。合适的球料比能提高机械合金化的效果。

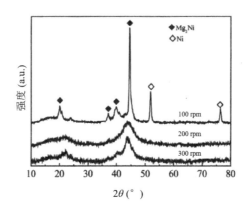

图 4-11　Mg-Ni 合金在不同球磨转速下球磨 40 h 后的 XRD 图谱[7]

稀土系储氢合金主要通过感应熔炼的方式制取,也可以使用机械合金化法制备。以 $MmNi_5$ 为例,在 200 r/min 和球料比为 100:1 的条件下球磨 3 h 可以直接获得 $MmNi_5$ 粉末[9]。与感应熔炼法制取的 $MmNi_5$ 合金粉末相比,机械合金化法

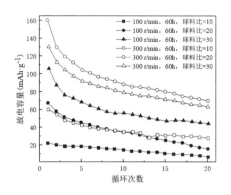

图 4 - 12　转速和球料比对 Mg - Ni 合金放氢容量的影响[7]

制取的颗粒尺寸为 $1\sim2$ μm，小于感应熔炼法的 $5\sim50$ μm。吸放氢测试结果表明，机械合金化法制取的 MmNi$_5$ 的吸氢量为 1.42 wt. %，略微大于感应熔炼法的 1.2 wt. %。TiFe 作为一种典型的 AB 型储氢合金，采用熔炼法制备的 TiFe 活化条件比较苛刻，需要在 450℃ 和 5 MPa 的氢气压力下反复活化多次才可以使用。机械合金化法制备的 TiFe 只需要在 400℃ 的真空下加热 30 min 就能完成活化。

若在活性气体气氛下进行球磨，脆性组元或延性组元在机械合金化过程中发生破碎，露出新鲜表面，与气体反应形成金属化合物，该过程被称为反应球磨[10]。当活性气体为氢气时，可通过反应球磨的方法直接制取金属氢化物，常用于制备 MgH$_2$。将镁在氢气气氛下球磨，由于镁是高延性组元，球磨过程难以破碎。但是在氢气气氛下，镁在球磨过程中可以与氢气发生反应，生成脆性组元的 MgH$_2$，进而导致 Mg 不断的破碎，最终制取出 90% 以上纯度的 MgH$_2$ 粉末。

球磨过程中引入其他物理场可有效提高球磨效率，通过机械能与其他物理能的协同作用处理粉体，提高产物的活性，促进粉体细化和合金化反应的进行。常用的辅助技术有超声波、磁场和放电辅助。华南理工大学将介质阻挡放电等离子体 (Dielectric barrier discharge plasma, DBDP) 引入高能球磨中，采用 DBDP 辅助球磨技术制备了 Mg - In 合金[11]。用常规方法制备 Mg$_{95}$In$_5$ 固溶体，需要将 Mg - In 粉末混合物压制成颗粒，并在 300℃ 下烧结 6 h，然后将其粉碎，在氩气气氛下使用行星球磨机研磨 50 h[12]。通过 DBDP 辅助，仅需要 2 h 的研磨就可以形成 Mg$_{95}$In$_5$ 固溶体，同时镁可以与介质阻挡层聚四氟乙烯反应，形成大量的原位 MgF$_2$。与 MgH$_2$ 相比，Mg(In) - MgF$_2$ 的动力学性能得到改善，放氢活化能由 160 kJ/mol 降低到 127.7 kJ/mol。介质阻挡放电等离子体辅助球磨的示意图如图 4 - 13 所示。

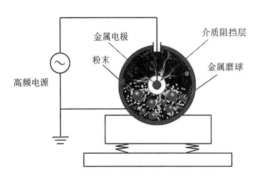

图 4 - 13 DBDP 辅助球磨室内放电示意图

4.3 扩散法

4.3.1 扩散法简介

扩散法是利用元素间的扩散反应制备合金的方法,可分为还原扩散法、共沉淀还原扩散法和置换扩散法等。将元素的还原过程与元素间的反应扩散过程结合在同一操作步骤中,直接制取金属间化合物的方法称为还原扩散法。还原扩散法通过金属氧化物与金属钙或 CaH_2 发生氧化还原反应来制备合金,其工艺流程图如图 4 - 14 所示。将金属氧化物、金属粉末、钙屑或 CaH_2 粉,按比例混合压成胚块,在惰性气氛和高于钙熔点的温度下加热保温一定时间使之充分还原并进行扩散,从

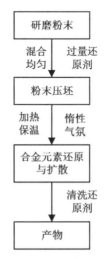

图 4 - 14 还原扩散法的工艺流程图

而获得储氢合金。

还原扩散法制备的合金具有以下优点：①产物为粉末，无须破碎等加工工艺和设备；②部分原料为氧化物，价格便宜，设备和工艺简单，成本低；③无须高温反应和设备。该方法最大的缺点是产物受原料和还原剂杂质的影响，过量的还原剂和副产物的清除流程较为复杂。

通过还原剂对共沉淀产物进行还原来制备金属间化合物的方法称为共沉淀还原扩散法。该方法是在还原扩散法的基础上发展起来的，其工艺流程图如图 4-15 所示。首先将各组分的盐溶液混合，加沉淀剂共沉淀制取混合沉淀物，然后灼烧成氧化物，再用金属钙或 CaH$_2$ 还原，将所得混合物洗涤干燥就可以得到合金。沉淀剂常采用碳酸盐、草酸盐和柠檬酸盐等。

图 4-15　共沉淀还原扩散法的工艺流程图

共沉淀还原扩散法优势在于：①采用工业级的金属盐为原料，无须采用价格昂贵的金属单质；②合成方法简单，能量消耗低，制得的合金是具有一定粒度的粉末，无须粉碎，比表面积大；③制备的合金成分均匀，基本没有偏析，强度较小；④制得的合金催化活性强，容易活化；⑤可用于储氢材料的再生利用。

利用镁去置换溶液中化合态的金属，使其接镀在镁表面上，再进行扩散形成金属间化合物的制备方法称为置换扩散法，其工艺流程图如图 4-16 所示。将无水盐 NiCl$_2$ 或 CuCl$_2$ 溶解在有机溶剂（如乙腈、二甲基甲酰胺）中，用过量的镁粉进行置换，镍或铜会平稳地沉积在镁上。将所得产物取出洗净烘干，放入高温炉中在保护性气氛和适当温度下进行热扩散使合金均匀化，得到金属间化合物 Mg$_2$Ni 或 Mg$_2$Cu。

置换扩散法方法简单，制得的合金成分均匀，可直接得到合金粉末。合金表面物理性能好，较易加氢活化，吸放氢速率快，同时氢化物的热分解温度明显降低。

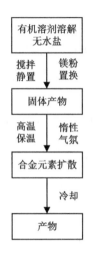

图 4-16　置换扩散法的工艺流程图

但置换反应不易控制,各颗粒粉末表面置换的金属层厚度不同将导致各颗粒的成分不尽相同。

4.3.2　扩散法在金属氢化物制备中的应用

1974 年美国 General Electric 公司的 Cech[13] 最早采取还原扩散法直接制取金属间化合物粉末。随后国内外许多学者开始从事还原扩散法的研究。还原扩散法被应用于制备 AB$_5$ 型、AB 型和钒基固溶体合金。以 LaNi$_5$ 和 ZrNi 为例,还原扩散法制备合金的反应方程式如下所示:

$$\frac{1}{2}\,La_2O_3 + 5Ni + \frac{3}{2}\,CaH_2 \xrightarrow[H_2]{1150℃} LaNi_5 + \frac{3}{2}CaO + \frac{3}{2}H_2 \qquad (4-6)$$

$$ZrO_2 + Ni + 2Ca \longrightarrow ZrNi + 2CaO \qquad (4-7)$$

对还原扩散法制备 ZrNi 的机理研究表明,Ca 既是 ZrO$_2$ 的还原剂,也是 Ni 的溶剂和载体。在合金形成过程中,液态 Ca 使 ZrO$_2$ 还原成 Zr;Ni 通过在液态 Ca 中的溶解和扩散,到达被还原出来的 Zr 表面,并与 Zr 合金化形成 ZrNi。因此,还原剂 Ca 的用量是 ZrNi 合金化过程的关键因素。使用超过理论剂量的还原剂是必要的,但用量太多会增加成本,加重后处理工艺负担。使用的金属镍粉粒度越小,越容易与其他原料均匀混合,对合金粉末的合成越有利。与熔炼法相比,还原扩散法制备的储氢合金比表面积大,活性较高,因而表现出良好的吸放氢性能和电化学活性。

虽然还原扩散法使用廉价的金属氧化物粉末替代纯金属作为原料,但还是需要价格高昂的超细金属粉。工业上常用盐在高温下通氢气还原制备金属粉末,在还原扩散法的基础上,申泮文院士提出了共沉淀还原扩散法[14],常用于钛系、稀土系合金的 AB_5 型和 AB 型合金制取。共沉淀还原扩散法制取 $LaNi_5$ 的反应方程式如下(沉淀剂为碳酸盐):

$$La^{3+} + 5\,Ni^{2+} + \frac{13}{2}\,CO_3^{2-} + yH_2O \longrightarrow LaNi_5(CO_3)_{13/2} \cdot yH_2O \downarrow \quad (4-8)$$

$$LaNi_5(CO_3)_{13/2} \cdot yH_2O \xrightarrow{\text{加热}} LaNi_5O_{13/2} + \frac{13}{2}\,CO_2 \uparrow + yH_2O \uparrow \quad (4-9)$$

$$LaNi_5O_{13/2} + \frac{13}{2}\,Ca \xrightarrow[H_2]{\text{加热}} LaNi_5 + \frac{13}{2}\,CaO \quad (4-10)$$

$LaCl_3$ 和 $NiCl_2$ 混合溶液与碳酸乙醇溶液反应生成镧镍碳酸盐共沉淀物 $LaNi_5(CO_3)_{13/2} \cdot yH_2O$,经加热脱水后加入适量 Ca,在氢气气氛和950℃的条件下合成 $LaNi_5$ 和 CaO 混合物。将混合物用水和乙醇交替清洗后,得到 $LaNi_5$ 粉末。

共沉淀还原扩散法也被推广应用于 $LaNi_4Fe_{0.5}Cu_{0.5}$、$LaNi_4Co_{0.5}Mn_{0.5}$ 和 $LaNi_4Fe_{0.5}Mn_{0.5}$ 四元系储氢合金的制备[15-17]。CaH_2 或 Ca 还原稀土金属氧化物的适宜条件为:氢气气氛,温度 $900\sim950$℃,恒温 $3\sim5$ h。与熔炼法相比,上述反应条件很有吸引力。稀土系合金的熔炼必须在各金属熔点以上的高温(>1 500℃)下进行,而且往往需要在高温下(900~1 200℃)长达数天的均匀化处理。

由于镁是活泼金属,使用还原扩散法和共沉淀还原扩散法制备镁基储氢合金有很大的困难,而采用置换扩散法可以获得较理想的结果。申泮文院士利用金属镁的化学活性设计了置换扩散法,首先应用于 Mg_2Cu 的合成,并扩展到 Mg-Ni 体系,成功制备了 Mg_2Ni[18,19]。在二甲基甲酰胺中,用金属镁粉置换溶液中化合态的 Ni^{2+},使镍镀在镁上。然后在 $500\sim580$℃的温度范围和氩气气氛下扩散 $2\sim3$ h 制得 Mg_2Ni。所得的 Mg_2Ni 有较好的吸放氢性能,特别是氢化物分解温度明显降低。使用置换扩散法制备 Mg_2Ni 的反应方程式如下:

$$NiCl_2 + 3Mg(s) \xrightarrow{\text{有机溶剂}} Ni \cdot 2Mg(s) + MgCl_2 \quad (4-11)$$

$$Ni \cdot 2Mg(s) \xrightarrow[Ar]{\text{加热}} Mg_2Ni(s) \quad (4-12)$$

置换扩散法还能合成一系列多元镁基合金,如 Mg-Ni-Cu、Mg-Ni-Pt 等。

4.4 烧结法

4.4.1 烧结法简介

烧结法是指将松散的多相粉末或将粉末压制成一定形状的粉末坯,置于不超过所有组元最高熔点的设定温度中,在一定保护气氛下升温并保温一段时间,使得多相粉末间发生化学反应,生成金属间化合物的方法,如图4-17所示。烧结法基于粉末冶金技术,其基本原理是超细粉末的粒度变细后,粉末的表面曲率变大,具有极高的表面能,粉末表面所产生的表面张力向颗粒内部的压力增大,使得超细粉末的物理性能改变,如熔点下降,从而降低烧结温度,制备大块储氢合金。

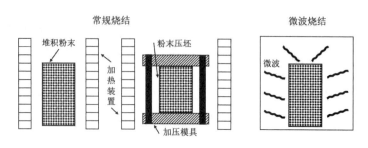

图4-17 烧结法示意图

烧结过程可以分为一系列依次进行的烧结阶段,一般可以分解为下述7个阶段:①颗粒之间形成接触;②烧结颈长大;③联通孔洞闭合;④孔洞圆化;⑤孔洞收缩和致密化;⑥孔洞粗化;⑦晶粒长大。在实际的烧结过程中,这些阶段有时互相重叠。

为了增强烧结的速度,常将烧结温度设定为超过某一组元的熔点,进而形成液相,大大提高原子的扩散速率。烧结法可以制备绝大多数难熔金属的化合物,制备的合金成分准确且较为均匀,具有更多的微孔结构。

根据加热方法的不同,可以将烧结分为常规烧结以及微波烧结。常规烧结的加热是依靠发热体将热能通过对流、传导或辐射方式传递至被加热物而使其达到某一温度,热量从外向内传递,烧结时间长,也很难得到细晶。相比较于常规烧结,微波烧结是利用微波直接与物质粒子的相互作用,利用材料的介电损耗使样品直接吸收微波能量从而加热样品的一种新型烧结方法。微波烧结具有以下的特点:微波加热为整体加热,加热均匀;微波能被材料直接吸收而转化为热能,能量利用率极高,比常规烧结节能80%左右;微波烧结的升温速率快,烧结时间短,易得到均匀的细晶粒;微波可对物相进行选择性加热。

4.4.2 烧结法在金属氢化物制备中的应用

烧结法可以用来制备多组元难熔金属的化合物,如含Ti、Zr、V、Fe和Ni等高熔点组元的AB_5型、AB型、A_2B型和镁基储氢合金。烧结时,按照化学计量比称取粉末原料,压制成坯或直接装填到坩埚中,将粉末放入真空或气体保护的常规烧结炉或微波烧结炉中,升到烧结温度并保温一段时间后,关闭加热并冷却至室温,取出烧结后的合金,制粉备用。

以 Ti-Ni 合金为例,按 Ti 与 Ni 原子比为 3:2 的比例称取 TiH$_2$ 粉(>99.5%)和 Ni 粉(>99.9%),将粉末混匀,以 20 MPa 压力将粉末冷压成圆柱状。在氩气保护条件下进行烧结,并于 870℃保温 5 h,随炉冷却得到 Ti$_3$Ni$_2$ 合金。对比烧结法和熔炼法制备的合金破碎后粉末的 SEM 照片,发现熔炼法制备的合金表面比较光滑,而烧结法制备的合金表面非常粗糙,如图 4-18 所示。烧结法制备的合金具有多孔特性,粗糙的表面和很多微孔结构使合金具有更大的比表面积,为氢在合金表面的反应及渗透提供了更多活性表面,有利于提高合金的电化学储氢性能。烧结合金的最大放电容量达 305 mAh/g,高于熔炼合金的 242 mAh/g。另外,烧结法制备的合金在电化学动力学方面也优于熔炼的合金。这主要是由于采用烧结法可以改善氢在 Ti$_3$Ni$_2$ 中的扩散,合金的微孔结构为合金中的氢提供更多扩散通道,从而使氢的扩散系数从 7.16×10^{-10} cm^2/s(熔炼合金)提高到 3.2×10^{-9} cm^2/s。烧结法制备的合金还具有较好的高倍率放电能力,即以大电流放电时合金反应速率相对较快。但烧结法制备的合金有更负的腐蚀电位及较大的腐蚀电流,耐蚀性较差。

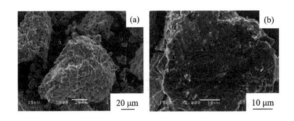

图 4-18　Ti$_3$Ni$_2$ 合金粉末 SEM 照片:(a) 烧结法,(b) 熔炼法[20]

常规烧结和微波烧结制备的合金性能也有所差异。对比常规烧结和微波烧结制备的 Mg$_{17}$Nd$_{1.5}$Ni$_{0.5}$(Fe$_3$O$_4$)$_{0.15}$[21],其 SEM 照片如图 4-19 所示。发现微波烧结制备的粉末较为松散且粒径远小于常规烧结制备的粉末。吸放氢 PCT 测试发现,微波烧结制备的粉末在 280℃下的吸氢容量为 4.48 wt.%,大于常规烧结的 4.05 wt.%。放氢动力学结果表明,在 2 000 s 内,微波烧结的粉末可放出 83% 的氢气,而常规烧结的只能放出 34%。

图 4-19　Mg$_{17}$Nd$_{1.5}$Ni$_{0.5}$(Fe$_3$O$_4$)$_{0.15}$ 合金 SEM 照片:(a) 常规烧结,(b) 微波烧结[21]

4.5 燃烧合成法

4.5.1 燃烧合成法简介

燃烧合成,也称自蔓延高温合成,是一项利用高放热反应释放的能量使得化学反应能自发持续地进行,从而实现材料合成与制备的技术。根据燃烧波传播方式的不同,燃烧合成法可以分为两种模式:①自蔓延模式,利用高能点火引燃一端的局部粉末,熔融的金属覆盖另一端未熔的金属粉末,使反应自发地向另一端蔓延;②热爆模式,将粉末压坯均匀加热到一定温度,使燃烧反应在整个坯体中突然同时发生。热爆模式也称为体积燃烧合成,术语"热爆"是指在反应开始之后温度的快速升高,而不是与爆炸或冲击波相关的破坏性过程[22]。两种模式的示意图如图4-20所示。自蔓延模式适合生成焓高的化合物,热爆模式适合生成焓低的化合物。由于大多数金属间化合物的生成焓低,放热量低,因此,在制备时多采用热爆模式。

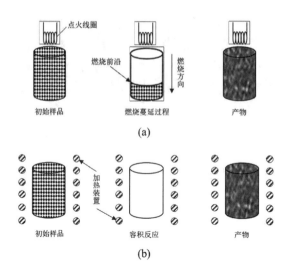

图4-20 燃烧合成法示意图:(a)自蔓延模式,(b)热爆模式

将燃烧合成反应在高压氢气气氛下进行,直接从金属混合粉末(或压坯)合成高活性金属氢化物的方法即为氢化燃烧合成法。其制备金属氢化物的反应如下:

$$xA + yB \rightarrow A_xB_y \tag{4-13}$$

$$A_xB_y + \frac{z}{2}H_2 \rightarrow A_xB_yH_z \tag{4-14}$$

氢化燃烧合成法的主要优点是:①利用金属和氢气之间的放热反应,反应速度

快;②利用固相反应生成物组织疏松、表面洁净、反应活性高、易发生氢化反应的特性,制备的金属氢化物无须活化处理,合成与氢化一步完成。氢化燃烧合成法通常被应用于镁镍储氢合金的制备。因此,反应器的温度应控制在镁的熔点以下(低于650℃),避免镁的挥发。

4.5.2 燃烧合成法在金属氢化物制备中的应用

自 1967 年苏联科学家 Merzhonov 等[23]发明燃烧合成法以来,该技术被广泛地应用于 AB_5 型、AB 型和 A_2B 型、镁基合金的制备。燃烧合成时,常使用钙、镁或铝作为还原剂和热源。以 TiFe 为例,燃烧合成法的反应方程式为:

$$TiO_2 + Fe + 2Ca \xrightarrow{\text{加热}} TiFe + 2CaO \qquad (4-15)$$

将 TiO_2 粉末和铁粉、钙粉充分混合后压制成块,并在氩气气氛中升温进行燃烧合成。燃烧合成法在制备 TiFe 的过程中可抑制 $TiFe_2$ 相的生成,从而有利于生成具备储氢能力的 TiFe 相,制得的合金活性高,粒度小。不足之处是,原料的纯度、粒度需达到一定的要求,并选择合适的还原剂才能合成出 TiFe 合金粉末。燃烧合成法也被应用于制备钒基固溶体合金,将 V_2O_5、Nb_2O_5 和 Ni 的混合物,加入铝作为还原剂,可以制得 V - Ni - Nb 合金。

氢化燃烧合成法常用于制备 Mg_2NiH_4。在使用热爆模式的燃烧合成法制备 Mg_2Ni 的基础上,日本东北大学于 1997 年提出了 Mg_2NiH_4 的合成氢化一步法制备新工艺[24]。氢化燃烧合成 Mg_2NiH_4 不是一个简单的化学反应过程,它包括多次的吸热和放热反应[25],其主要可以分为 7 个阶段。这是根据差示扫描量热(Differential Scanning Calorimetry, DSC)测试和 XRD 分析确定的:①247~387℃较宽温度范围内发生镁的氢化反应 $Mg + H_2 \rightarrow MgH_2$;②402~427℃范围内进行 MgH_2 分解反应 $MgH_2 \rightarrow Mg + H_2$;③进行 Mg - Ni 系的共晶反应 $2Mg + Ni \rightarrow Mg_2Ni(1)$;④402~567℃发生燃烧合成反应,生成 Mg_2Ni 合金 $2Mg + Ni \rightarrow Mg_2Ni$;⑤冷却过程中发生固溶反应 $Mg_2Ni + 0.15H_2 \rightarrow Mg_2NiH_{0.3}$;⑥372℃冷却至327℃,发生氢化反应生成 Mg_2NiH_4 的高温相 $Mg_2Ni + H_2 \rightarrow Mg_2NiH_4$(HT);⑦237℃附近 Mg_2NiH_4 的高温相向低温相转变 Mg_2NiH_4(HT)$\rightarrow Mg_2NiH_4$(LT)。氢化燃烧法合成的 Mg_2Ni 一般为表面粗糙并含大量褶皱的类球状颗粒[26],颗粒尺寸也相对较小,如图 4 - 21 所示。这些褶皱被认为增大了与氢气接触表面积,有利于合金的吸放氢反应动力学过程。对比氢化燃烧合成法和感应熔炼法制备的 Mg_2Ni 粉末,氢化燃烧法的粉末在 2 次吸放氢后即可完成活化,但是感应熔炼法制取的粉末需要更多次才能完成活化[27]。活化后,氢化燃烧法制取的 Mg_2Ni 粉末的氢容量及速率均大于感应熔炼法制取的粉末,如图 4 - 22 所示。

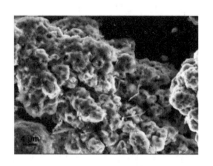

图 4-21　氢化燃烧法制备的 Mg_2Ni 粉末 SEM 图片[26]

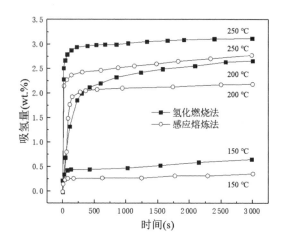

图 4-22　Mg_2Ni 合金的吸氢量与时间的关系曲线[27]

在氢化燃烧合成过程中添加强磁场,能让合金制备变得更为有效[28,29]。磁场的存在加速了反应和扩散过程,降低了反应温度,从而避免了合金晶粒在高温下的长大,最终可以得到综合性能良好的镁基储氢合金。使用氢化燃烧合成法制备 Mg_2Ni 氢化物的最低温度为 480℃[30]。通过磁场辅助,合成温度降低到 400℃,这使得在较低温度下实现合金的制备变得可能[31]。强磁场能促进 Mg_2NiH_4 相的形成,制得的合金 PCT 曲线平台平坦且宽阔,可逆放氢性能好。外加磁场强度为 4 T,制备得到的 Mg_2Ni 氢化物杂相含量较少,吸氢量能达到 3.59 wt.％,接近 Mg_2Ni 的理论储氢容量 3.6 wt.％。分析发现,磁场强度为 4 T 时,经过该工艺制备的样品,颗粒粒度减小,比表面积增大,为氢气进出合金提供了更多的通道,同时还可使新生表面活性增大,表面自由能降低,促进吸放氢反应进行,使一些只有在高温、高压等苛刻条件下才能发生的氢化反应在低温下就能顺利进行,从而改善了材料吸放氢动力学性能。

4.6 电沉积法

4.6.1 电沉积法简介

电沉积法(Electrodeposition)是指金属、合金或金属间化合物在电场的作用下,从其电解质溶液(水溶液、非水溶液或熔盐)中通过发生氧化还原反应,在电极表面沉积出来的过程,如图 4-23 所示。金属离子以一定的电流密度进行阴极还原时,电极的电极电位 φ 可表示为:

$$\varphi = \varphi_0 + \eta \tag{4-16}$$

式中,φ_0 为金属在电镀液中的平衡电位,η 为此电流密度下的阴极过电位。原则上,只要电极电位足够负,任何金属离子都可能在阴极上还原,实现电沉积。但是由于水溶液中存在氢离子等其他离子,一些还原电位低于氢离子的金属离子无法在水溶液中实现电沉积过程,除非使用非水溶液或熔融盐电镀液。所以,金属离子在水溶液中能否还原,不仅取决于其本身的电化学性质,还决定于金属还原电位与氢还原电位的相对大小。若金属离子的还原电位比氢离子还原电位更低,则在电极上大量析氢,金属沉积极少。元素周期表上 70 多种金属元素,约有 30 多种金属可以在水溶液中电沉积,如表 4-4 所示。区域Ⅰ内的元素很难在水溶液中沉积,如 Na、Mg 等。此时需要在非水溶液或熔融盐电镀液中进行电沉积,或者采用盐类配位剂使得金属离子的电极电位正移。Mo、W 等金属也难以从水溶液中单独沉积,只能和其他元素形成合金实现共沉积。区域Ⅱ内的金属的简单离子容易从水溶液中沉积。区域Ⅲ内的金属电极电位向更正移动,需要更大的交换电流密度,通过添加氰化物作为溶质,增加电镀液的导电性并增强镀层稳定性。

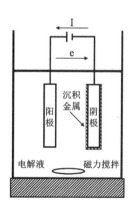

图 4-23 电沉积装置示意图

表 4-4 金属从水溶液、氰化物水溶液中还原的可能性

周期	元素																
第三	Na	Mg									Al	Si	P	S	Cl	Ar	
第四	K	Ca	Sc	Ti	V	Cr	Mn	Fe	Co	Ni	Cu	Zn	Ga	Ge	As	Se	Br	Kr
第五	Rb	Sr	Y	Zr	Nb	Mo	Tc	Ru	Rh	Pd	Ag	Cd	In	Sn	Sb	Te	I	Xe
第六	Cs	Ba	稀土	Hf	Ta	W	Re	Os	Ir	Pt	Au	Hg	Tl	Pb	Bi	Po	At	Rn
	区域Ⅰ					区域Ⅱ-水溶液可能 电沉积				区域Ⅲ-氰化物水溶液中 可电沉积					非金属		

在电沉积过程中,可以在电镀液中添加催化剂,改善沉积合金的成分,以提高合金的综合储氢性能,也可以调整沉积过程中的电流密度,改善沉积层中元素的百分含量,或改变沉积层表面粗糙程度,以提高沉积合金的性能。

根据金属离子的还原电位及其析出的顺序,可将电沉积分为正常共沉积和非正常共沉积两大类。正常共沉积的特点是电位较正的金属优先沉积,依据各组分金属在对应溶液中的平衡电极电位,可推断出在合金镀层中的各金属含量。正常共沉积又可分为3种:规则共沉积、不规则共沉积和平衡共沉积。

规则共沉积的特点是受扩散控制。合金镀层中电位较正金属的含量随阴极扩散层中金属离子总含量的增多而提高。电镀工艺条件对沉积层组成的影响,可由电镀液在阴极扩散层中金属离子的浓度来预测,并可用扩散定律来估计。因此,提高电镀液中金属离子的总含量、减小阴极电流密度、提高电镀液的温度或增加搅拌等方式能增加阴极扩散层中金属离子的浓度,使合金镀层中电位较正金属的含量增加。简单金属盐电镀液一般属于规则共沉积,例如,Ni-Co 和 Cu-Bi 合金从简单金属盐中实现的共沉积就属此类。有的络合物电镀液也能实现此类共沉积。如果各组分金属的平衡电极电位相差较大,且共沉积不能形成固溶体合金时,则容易发生规则共沉积。

不规则共沉积的特点主要是受阴极电位控制,即阴极电位决定了沉积合金组成。电镀工艺条件对合金沉积层组成的影响比规则共沉积小得多。络合物电镀液,特别是络合物浓度对某一组分金属的平衡电极电位有显著影响的电镀液,多属于此类共沉积,例如,铜和锌在氰化物电镀液中的共沉积。另外,如果各组分金属的平衡电极电位比较接近,且易形成固溶体的电镀液,也容易出现不规则共沉积。

平衡共沉积的特点是在低电流密度下(阴极极化非常小),合金沉积层中各组分金属比等于电镀液中各金属离子浓度比。当将各组分金属浸入含有各组分金属离子的电镀液中时,它们的平衡电极电位最终变得相等。在此类电镀液中以低电流密度电解时发生的共沉积,即称为平衡共沉积。属于此类共沉积的例子不多,如

Cu－Bi 合金在酸性电镀液中的共沉积。

非正常共沉积又分为异常共沉积和诱导共沉积，这两种共沉积不能按基本理论预测。异常共沉积是电位较负的金属反而优先沉积。对于给定电镀液，只有在某种浓度和某些工艺条件下才出现异常共沉积。含有一个或多个铁族金属元素（Fe、Co 和 Ni 等）的合金共沉积多属于此类，例如，Fe－Co、Fe－Ni、Fe－Zn 和 Ni－Co 合金等，其沉积层中电位较负金属组分的含量总比电位较正金属组分含量高。

从含有 Ti、Mo 和 W 等金属盐的水溶液中是不可能电沉积出纯金属镀层的，但可与铁族金属形成合金而共沉积出来，这称为诱导共沉积。诱导共沉积与其他类型的共沉积相比，更难推测出电镀液中金属组分和工艺条件的影响。通常把能促使难沉积金属共沉积的铁族金属称为诱导金属。诱导共沉积的合金有：Ni－Mo、Co－Mo、Fe－W、Ti－Fe 等。

4.6.2 电沉积法在金属氢化物制备中的应用

电沉积法常应用于制备薄膜态的稀土系 AB_5 型和镁基储氢合金。相比于通过熔炼法、机械合金化法以及烧结法制备的块状或粉末状合金，薄膜态的储氢合金具有吸放氢速率快、抗粉化能力强、热传导率高、易进行表面处理等优点。电沉积使用的电镀液体系主要有水溶液、有机溶剂和熔融盐。

水溶液中稀土元素、镁的还原电位较低（La^{3+} 和 Mg^{2+} 的标准平衡电位分别为 －2.52 V 和－2.34 V），而 Ni、Fe 等过渡族元素的还原电位较高（Ni^{2+} 的标准平衡电位为－0.25 V），理论沉积电位相差较大，难以实现共沉积。但是，稀土元素和镁易与某些有机物和无机物形成配位化合物，选用适当的配位剂，可以增加电镀液的稳定性并使 La 等稀土元素以及镁的沉积电位正移，而使 Ni、Fe 等过渡族金属的沉积电位负移，这样使得不同的金属元素的沉积电位靠近，实现了这两种电位相差很大的金属共沉积，这属于典型的诱导共沉积现象。例如，使用柠檬酸和硼酸为混合配位体，使得 Ni^{2+} 的析出电位正移，NH_4Cl 作为配位体提高电镀液的导电性能，采用 $LaCl_3$、$MgCl_2$ 和 $NiCl_2$ 作为主盐，在 pH 为 3、室温和 3 000～5 000 A/m² 电流密度条件下进行电沉积，可以获得 $LaMg_2Ni_9$ 合金膜[32]。如图 4－24，水溶液中沉积的 $LaMg_2Ni_9$ 合金膜呈现层状，且有不同程度的裂纹，这可能是由于电沉积过程中的析氢反应导致。结合合金膜的 XRD 图谱，发现随着电流密度的增加，合金膜中 Ni 单质含量下降，$LaMg_2Ni_9$ 含量增加。

虽然水溶液中进行电沉积具有设备简单和操作方便等优点，但是随着研究的发展，水溶剂的局限性也日益体现出来：①许多化合物（尤其是一些有机化合物）在水溶液中不易溶解，并且某些化合物（如 HNO_2、CrO_5）在水溶液中不稳定，容易分解；②由于析氢反应和析氧反应的影响，水溶液的电化学窗口小，只有 1.3 V 左右，

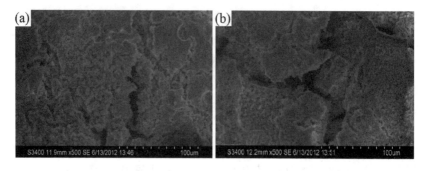

图 4-24 不同电流密度下制备的 LaMg₂Ni₉ 合金膜：(a)3 000 A/m²，(b)5 000 A/m²[32]

不利于活泼金属离子的还原；③水容易与活性电极材料发生反应，影响合金沉积过程；④水溶液的温度变化范围只有 100℃，难以通过调节温度来沉积特定的合金。

除了水溶液以外，还可以用有机溶剂和熔盐作为电镀液。与水溶液相比，非水体系具有独特优势：①能溶解难溶化合物，特别是有机化合物；②一些在水溶液中不能稳定存在的络合离子在非水体系中能稳定存在；③非水溶剂的电化学窗口宽，在水溶液中难以发生的反应在非水溶剂中能顺利进行；④热力学稳定，不易与活泼电极材料反应，并且具有较大的温度变化范围。但是，有机溶剂体系存在易燃、有毒、电导率低和易挥发等缺点，而低温熔盐体系克服了有机溶剂体系的缺点，常采用乙酰胺-尿素-碱金属卤素化合物体系，其具有熔点低、导电性好等优点。以尿素-乙酰胺-NaBr-KBr 作为低温熔盐体系，在 75℃和氮气保护下，采用恒电位法可以制备得到 La-Ni、Mg-Ni 及 La-Mg-Ni 合金薄膜[33]。

4.7 储氢合金的活化

4.7.1 储氢合金的活化原理及方法

储氢合金的活化是指合金粉末通过在多次循环反复的高温高压下与氢气气氛接触，再减压抽真空，从而逐步提高其吸氢和放氢能力的过程。活化处理所需要的温度、压力、吸放氢循环次数和达到完全活化所需的时间表征了合金活化的难易程度。通常情况下，活化时所需的最低氢压、最低温度和在该压力和温度下完全活化所需的吸放氢循环次数和时间分别被定义为活化压力、活化温度、活化循环次数和活化时间。合金在活化过程的最初阶段几乎没有吸氢现象，这一段时间被称为孕育期，超过孕育期后，合金才开始快速吸氢。孕育期的长短一方面与合金本身（特别是表面）的性质有关，另一方面受到合金活化条件（活化压力和温度）的影响。在相同的活化条件下,越难活化的合金孕育期越长。判断合金完成活化的条件一般为:在相同测试条件下,合金的容量接近该合金的理论容量,且邻近两次的吸氢动力学曲线基本一致。

由于制取的合金粉末表面不可避免地存在氧化、杂质吸附等情况,因此,合金粉末使用前必须进行活化,进而获得金属氢化物粉末。活化过程的一般步骤为:①脱附:在合金粉末第一次吸氢前,需要在高温、真空条件下对合金粉末进行杂质脱附,去除吸附在合金表面的杂质。②吸氢-放氢循环:在一定压力和温度下开始合金吸氢,吸氢过程保持恒温或以一定速率降温;吸氢一定时间后,升温并真空放氢,重复吸氢-放氢过程多次(即活化次数),直至完成合金活化。

活化过程一方面可以去除吸附的杂质,如 H_2O、CO_2、N_2、有机物等;另一方面利用合金吸放氢前后物相体积不同,使得活化过程中合金颗粒发生破碎,增加比表面积并露出新鲜的表面,使得合金的吸放氢动力学过程得到改善。

4.7.2　不同储氢合金的活化条件及改善活化性能的方法

对于不同类型的合金,其合金活化条件均有所不同。表 4-5 给出了常见的储氢合金的活化条件。少量合金粉末的活化时间一般为 2~3 h,但是当大批量合金粉末进行活化时,由于合金吸氢反应放热和放氢反应吸热,导致合金粉末吸氢过程中温度快速上升,而放氢过程中温度快速下降。温度的起伏会导致合金粉末的吸放氢速率减慢,活化时间显著延长。为了缩短大批量合金粉末的活化时间,可以对装填合金粉末的装置进行传热优化,减少吸放氢过程中温度的起伏程度,进而增强合金粉末的吸放氢速率,减少活化时间。从表 4-5 可以看到,$LaNi_5$ 的吸氢温度和吸氢压力相对较低,活化次数相对较少,说明合金的活化条件比较温和;而 TiFe 和 Mg_2Ni 完全活化所需要的温度和压力较高,活化次数较多,活化条件比较苛刻,这给合金的应用带来了一定的困难。

影响合金活化难易程度的因素可以归结为以下两个方面:①合金表面层的特性,这与合金表面吸附的氧、氮、水等杂质的多少、表面不同成分对氢分子分解为氢原子的影响程度、表面氧化层的厚度以及氢原子穿过表面层进入合金基体的难易程度等因素有关;②合金基体的特性,这与合金中的金属原子和氢原子的亲合力大小、氢原子在合金中的扩散速率以及吸氢过程中产生裂纹的难易等因素有关。因此,可以通过改变合金的表面性质和基体性质从而对合金的活化性能进行改善。通过高能球磨、氟化处理、碱处理和表面包覆金属膜处理等方式清除合金表面的氧化层,或者形成具有高催化活性的新表面层,从而改变合金的表面性质,改善活化性能;通过改变合金中各元素的含量和退火处理等方式,改变合金的相结构和晶格参数,降低氢原子与金属原子形成氢化物的难度。

表 4 - 5　部分储氢合金的活化条件

合金种类	吸氢温度(℃)	吸氢压力(MPa)	放氢温度(℃)	活化次数(次)
LaNi$_5$	室温～60	3～4	80～100℃	3～5
La - Ni - Al	70～80	3	80	3～5
TiFe	400～450 冷却到室温	5～8	400～450	＞10
ZrCo	室温～100	0.1	500	3～5
TiMn$_2$	80～100	4～6	80～100	3～5
Zr$_x$Ti$_{1-x}$Fe$_y$V$_{1-y}$	350 冷却到室温	4	350	6～8
Ti$_2$Ni	室温	3	400	3～5
Mg$_2$Ni	300	3～5	300	7～10
Mg	350～400	＞3	300	3～5
Mg - Nd - Ni	300	4	300	3～5
La - Mg - Ni	室温	1	350	3～5
Ti - Cr - Mn - V	室温	4～5	400	0～1

图 4 - 25 为 TiMn$_{1.25}$Cr$_{0.25}$合金在 1 MPa 和 20℃下的活化曲线[34]。当合金平均粒径在 400 μm 以下时,在空气中暴露 24 h 的合金很难被活化。但是,经过 950℃退火处理 6 h 的粉末,在相同活化条件下只需几次活化循环后便可被完全活化。XRD(X-Ray Diffraction)结果表明,退火处理虽然未改变合金的相结构,但导致晶格参数变大。

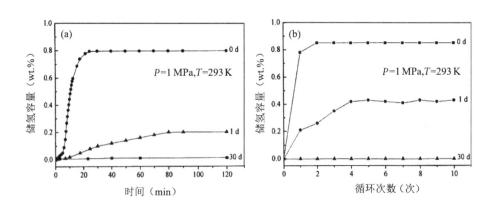

图 4 - 25　(a) TiMn$_{1.25}$Cr$_{0.25}$的活化曲线,(b) 储氢容量和活化循环次数的关系曲线[34]

本 章 例 题

例题 4-1 拟在 Ar 气气氛下感应熔炼 100 g $Mg_{94}Gd_3Zn$ 合金,已知熔融的 Mg 在 750℃下的烧损为 1.5 wt.％,Zn 的烧损为 2 wt.％,试计算原料的配比。

解:采用高纯 Mg 粉(99.99％),高纯粉 Gd(99.99％)和高纯 Zn 粉(99.99％)作为金属原料。根据 $Mg_{94}Gd_3Zn$ 的合金成分,结合各自的相对原子质量,计算得出 $Mg_{94}Gd_3Zn$ 各个元素的质量百分比分别是:80.96 wt.％、16.72 wt.％和 2.32 wt.％。由于 Mg 和 Zn 的烧损,在配料时需要将烧损量考虑进去。因此,100 g $Mg_{94}Gd_3Zn$ 合金需要的金属配料为:Mg 82.17 g,Gd 16.72 g,Zn 2.37 g。

例题 4-2 拟真空悬浮熔炼 50 g $Mg_{98.5}Ni_{0.6}Y_{0.9}$ 合金,现有 Mg-20 wt.％ Y 和 Mg-30 wt.％ Ni 中间合金作为原料,Mg 烧损为 1.5 wt.％,试计算原料的配比。

解:50 g 的 $Mg_{98.5}Ni_{0.6}Y_{0.9}$ 合金需要 Mg 47.7 g,Ni 0.70 g,Y 1.60 g。根据 Y 和 Ni 的含量,计算 Mg-20 wt.％ Y 和 Mg-30 wt.％ Ni 中间合金的质量分别为 8.00 g 和 2.33 g。添加的中间合金中 Mg 的总量为 8.03 g。考虑到 Mg 的烧损,需要额外添加纯 Mg(99.99％)40.39 g。因此,最终纯 Mg、Mg-20 wt.％ Y 和 Mg-30 wt.％ Ni 中间合金的质量分别是 40.39 g、8.00 g 和 2.33 g。

例题 4-3 陈述机械合金化法制备 500 g Mg-Ni-Cr-Ti 合金(42.5 wt.％ Ni、0.5 wt.％ Cr、0.5 wt.％ Ti、余量为 Mg)的制备流程。已知球料比 9:1,玛瑙球的直径为 10 mm 或 15 mm,球磨罐体积 8 L。

解:Mg-Ni-Cr-Ti 合金的制备流程如下:

(1) 配料:以纯金属粉末(Mg 粉、Ni 粉、Cr 粉和 Ti 粉,每种粉末的粒度 ＜70 μm)为原料,称取 Mg 282.5 g,Ni 212.5 g,Cr 2.5 g、Ti 2.5 g,并在 120℃下真空烘干 30 min。

(2) 球磨参数选择:选择 8 L 球磨罐,球的材质为玛瑙,装球量为 4.5 kg(即球料比 9:1),球的直径分别为 10 mm 和 15 mm,两种球的质量各 50％。

(3) 装料:将合金粉末与球混合装入球磨罐中,抽走空气并充入 30 kPa 的氩气,同时为了避免磨料和壁的粘连,在球磨罐中加入 0.1 wt.％的无水四氢呋喃。

(4) 球磨:高能球磨的转速设定为 400 rpm,球磨时间设定为 38 h。球磨完成后在手套箱中取出,获得 Mg-Ni-Cr-Ti 合金粉末。

例题 4-4 采用 $Ce(NO_3)_2$ 和 $Ni(NO_3)_2$ 盐在氨水中共沉淀法制备 $CeNi_5$ 合金粉末,若采用 CaH_2 作为还原剂,试写出共沉淀反应方程,并简单陈述制备流程。

解:共沉淀法制备 $CeNi_5$ 的反应方程式如下:

$$Ce^{3+} + 5\,Ni^{2+} + 2x\,OH^- \longrightarrow CeNi_5\,(OH)_{2x} \downarrow \qquad (4-17)$$

$$CeNi_5\,(OH)_{2x} \xrightarrow{\text{加热}} CeNi_5O_x + x\,H_2O \uparrow \qquad (4-18)$$

$$CeNi_5O_x + \frac{x}{2}\,CaH_2 \longrightarrow CeNi_5 + \frac{x}{2}\,Ca(OH)_2 \qquad (4-19)$$

制备流程如下:

(1) 混合液配比:将 $Ce(NO_3)_2$ 和 $Ni(NO_3)_2$ 盐以 1:5 摩尔比溶于去离子水中。

(2) 共沉淀:将混合液缓慢滴入剧烈搅拌的 10% 的稀氨水中,并搅拌 30 min,生成 $CeNi_5(OH)_{2x}$ 沉淀物。

(3) 加热分解:将 $CeNi_5(OH)_{2x}$ 沉淀物在 350℃ 时脱水,得到 $CeNi_5O_x$ 氧化物。

(4) 氢化还原:将 $CeNi_5O_x$ 氧化物与 CaH_2 混合均匀,并在氢气气氛下反应,产生 $CeNi_5$ 和 $Ca(OH)_2$ 混合物。

(5) 洗涤及干燥:用去离子水和 6% 醋酸液交替清洗 $CeNi_5$ 和 $Ca(OH)_2$ 混合物,最后用无水乙醇清洗后,真空干燥得到 $CeNi_5$ 粉体。

本 章 习 题

1. 对于熔点差异极大的合金,阐述可能的制备方法。

2. 何种制备方法可以直接得到合金粉体。

3. 试阐述共沉淀法制备 TiFe 合金的反应方程式及流程。

4. 概述电沉积的几种沉积方式的异同点。

5. 基于各个制备方法的特点,论述何种方法适合大规模生产 Mg_2Ni 合金。

参考文献

[1] 胡子龙. 贮氢材料 [M]. 北京:化学工业出版社,2002.

[2] Wang L, Zhang X, Zhou S, et al. Effect of Al content on the structural and electrochemical properties of A_2B_7 type La-Y-Ni based hydrogen storage alloy [J]. International Journal of Hydrogen Energy, 2020, 45(33): 16677 – 16689.

[3] Song W, Li J, Zhang T, et al. Microstructure and tailoring hydrogenation performance of Y-doped Mg_2Ni alloys [J]. Journal of Power Sources, 2014, 245: 808 – 815.

[4] Soni P R. Mechanical alloying: fundamentals and applications [M]. Cambridge: Cambridge International Science Publishing, 2000.

[5] Benjamin J S. Dispersion strengthened superalloys by mechanical alloying [J]. Metallurgical Transactions, 1970, 1(10): 2943 – 2951.

[6] Somo T R, Maponya T C, Davids M W, et al. A comprehensive review on hydrogen absorp-

tion behaviour of metal alloys prepared through mechanical alloying [J]. Metals, 2020, 10 (5): 562.

[7] 刘天佐,王巍,夏天东,等.球磨参数对 MgNi 储氢合金电化学性能的影响 [J]. 稀有金属材料与工程, 2005, 34(1): 112 – 115.

[8] Murty B S, Ranganathan S. Novel materials synthesis by mechanical alloying/milling [J]. International Materials Reviews, 1998, 43(3): 101 – 141.

[9] Srivastava S, Panwar K. Effect of transition metals on ball-milled MmNi$_5$ hydrogen storage alloy [J]. Materials for Renewable and Sustainable Energy, 2015, 4(4): 19.

[10] Sherif M. Mechanical alloying for fabrication of advanced engineering materials [M]. New York: Noyes Publications, 2001.

[11] Ouyang L, Cao Z, Wang H, et al. Application of dielectric barrier discharge plasma-assisted milling in energy storage materials-A review [J]. Journal of Alloys and Compounds, 2017, 691: 422 – 435.

[12] Zhong H, Wang H, Liu J, et al. Altered desorption enthalpy of MgH$_2$ by the reversible formation of Mg(In) solid solution [J]. Scripta Materialia, 2011, 65(4): 285 – 287.

[13] Cech R E. Cobalt-rare earth intermetallic compounds produced by calcium hydride reduction of oxides [J]. Journal of Metals, 1974, 26(2): 32 – 35.

[14] 申泮文,汪根时,张允什,等.镧镍体系(LaNi$_{5-x}$M$_x$)吸氢化合物的研究(Ⅰ)——LaNi$_5$ 的化学合成及吸氢性能 [J]. 高等学校化学学报, 1980, 1(2): 109 – 112.

[15] 高恩庆,李延团,申泮文. 共沉淀还原扩散法制备 La-Ni-Fe-Cu 合金 [J]. 化学工程师, 1994, 39(2): 3 – 5.

[16] 高恩庆,孙海英,周正宇. 镧镍钴锰吸氢合金的化学法制备 [J]. 化学工程师, 1996, 55 (4): 16 – 18.

[17] 高恩庆,杨化乐. 镧镍铁锰吸氢合金的化学法制备 [J]. 辽宁化工, 1996, (4): 49 – 51.

[18] 申泮文,张允什,袁华堂,等.储氢材料新合成方法的研究——置换-扩散法合成 Mg$_2$Cu [J]. 高等学校化学学报, 1982, 3(4): 580 – 582.

[19] 申泮文,张允什,袁华堂,等.储氢材料新合成方法的研究(Ⅱ)——置换-扩散法合成 Mg$_2$Ni [J]. 高等学校化学学报, 1985, 6(3): 197 – 200.

[20] 曹歆昕,马立群,杨猛,等.烧结法和熔炼法 Ti$_3$Ni$_2$储氢合金的电化学性能 [J]. 稀有金属材料与工程, 2012, 41(3): 490 – 493.

[21] Meng J, Pan Y, Luo Q, et al. A comparative study on effect of microwave sintering and conventional sintering on properties of Nd-Mg-Ni-Fe$_3$O$_4$ hydrogen storage alloy [J]. International Journal of Hydrogen Energy, 2010, 35(15): 8310 – 8316.

[22] Varma A, Rogachev A S, Mukasyan A S, et al. Combustion Synthesis of Advanced Materials: Principles and Applications [J]. 1998, 24: 79 – 226.

[23] Merzhanov A G. Thermal explosion and ignition as a method for formal kinetic studies of exothermic reactions in the condensed phase [J]. Combustion and Flame, 1967, 11(3): 201 –

211.

[24] Akiyama T, Isogai H, Yagi J. Hydriding combustion synthesis for the production of hydrogen storage alloy [J]. Journal of Alloys and Compounds, 1997, 252(1-2): L1-L4.

[25] Li L, Akiyama T, Yagi J. Reaction mechanism of hydriding combustion synthesis of Mg_2NiH_4 [J]. Intermetallics, 1999, 7(6): 671-677.

[26] Fu Y, Ding Z, Ren S, et al. Effect of in-situ formed Mg_2Ni/Mg_2NiH_4 compounds on hydrogen storage performance of MgH_2 [J]. International Journal of Hydrogen Energy, 2020, 45 (52): 28154-28162.

[27] Saita I, Li L, Saito K, et al. Hydriding combustion synthesis of Mg_2NiH_4 [J]. Journal of Alloys and Compounds, 2003, 356-357: 490-493.

[28] Li Q, Liu J, Chou K, et al. Synthesis and dehydrogenation behavior of Mg-Fe-H system prepared under an external magnetic field [J]. Journal of Alloys and Compounds, 2008, 466 (1-2): 146-152.

[29] Li Q, Lu X, Chou K, et al. Feasibility study on the controlled hydriding combustion synthesis of Mg-La-Ni ternary hydrogen storage composite [J]. International Journal of Hydrogen Energy, 2007, 32(12): 1875-1884.

[30] Li L, Saita I, Saito K, et al. Effect of synthesis temperature on the purity of product in hydriding combustion synthesis of Mg_2NiH_4 [J]. Journal of Alloys and Compounds, 2002, 345 (1-2): 189-195.

[31] 刘静. 磁场辅助合成镁基储氢合金及其吸放氢动力学机理 [D]. 上海:上海大学, 2009.

[32] 于锦, 周静, 陈庆阳. 水溶液中电沉积制备 $LaMg_2Ni_9$ 储氢合金 [J]. 稀有金属材料与工程, 2016, 45(10): 2647-2652.

[33] 李正元, 于锦, 王丽丽. 低温熔盐中电沉积制备 La-Mg-Ni 三元合金膜及其性能研究 [J]. 稀有金属材料与工程, 2012, 41(11): 2029-2032.

[34] Yu X, Wu Z, T H, et al. Effect of surface oxide layer on activation performance of hydrogen storage alloy $TiMn_{1.25}Cr_{0.25}$ [J]. International Journal of Hydrogen Energy, 2004, 29 (1): 81-86.

第5章 储氢合金及其氢化物的应用

储氢合金在一定的温度和压力下能够可逆地吸收/释放大量的氢气,同时伴随着明显的热量释放/吸收。这些反应特性使储氢合金可以用作气固态储氢材料。另一方面,储氢合金还可以作为负极电极材料,其与氢氧化镍组成镍氢电池,通过KOH电解液进行电化学储氢,成为一种安全可靠的二次电池。此外,储氢合金及其氢化物还具有高催化活性和强还原性,其在氢化前后的结构变化会引起电阻率和透光率等物理性能的显著变化,这些特性使其还可以应用在催化剂、还原剂、传感器等众多领域。本章针对储氢合金及其金属氢化物在电化学及气固态储氢、催化剂和传感器等其他新型领域的应用现状及前景进行介绍。其中电化学储氢领域主要是指在镍氢电池中的应用,包括小型镍氢电池、动力型镍氢电池、储能发电用镍氢电池及通信基站、备用电源等;气固态储氢领域按照其应用特点和场景,主要包括氢气的储存与运输、燃料电池的供氢系统、固态加氢站、金属氢化物氢压缩机、氢化物储热、热泵、氢同位素分离、氢气的分离与提纯等方面的应用。金属氢化物在其他新型领域的应用则主要介绍其作为化学工业中的催化剂和还原剂,以及在氢气传感器、核反应堆中的中子慢化剂和屏蔽材料、变色薄膜材料、锂离子电池负极材料等方面。

5.1 金属氢化物在镍氢电池中的应用

金属氢化物可以利用电化学反应来进行吸放氢,即实现电化学储氢,最成功的应用是其作为镍氢电池(Ni/MH电池)负极材料。镍氢电池是以储氢合金为负极,$Ni(OH)_2$为正极,KOH为电解液,其工作原理如下:

$$正极:Ni(OH)_2 + OH^- \underset{充电}{\overset{放电}{\rightleftharpoons}} NiOOH + H_2O + e^- \tag{5-1}$$

$$负极:M + xH_2O + xe^- \underset{充电}{\overset{放电}{\rightleftharpoons}} MH_x + xOH^- \tag{5-2}$$

$$电池总反应:xNi(OH)_2 + M \underset{充电}{\overset{放电}{\rightleftharpoons}} MH_x + xNiOOH \tag{5-3}$$

式中,M代表储氢合金,MH_x代表金属氢化物。

1972年美国COMSAT实验室以$LaNi_5$合金为负极材料研制出了镍氢电

池[1]，但当时该电池容量衰减太快，而且价格昂贵。1984 年，Willims[2]报道了基于 $LaNi_5$ 合金的金属氢化物电极的稳定性，采用钴部分取代镍、用钕少量取代镧得到多元合金后，制出了抗氧化性能强的实用金属氢化物电极。此后，为了进一步提高 $LaNi_5$ 型储氢合金的性能以及降低成本，各国的科研人员开展了对 $LaNi_5$ 型合金中 La 和 Ni 元素分别进行部分替代的研究，开发出数以千计的多元合金。特别是早期由于稀土元素分离困难，单质稀土金属价格昂贵，为了降低合金成本，采用相对廉价的 Mm（Mm 为混合稀土）替代 La，研制出了具有较好综合性能的 $Mm(NiCoMnAl)_5$ 合金，使 Ni/MH 电池于 1990 年首先在日本实现了商业化。Ni/MH 电池能量密度为传统 Cd/Ni 电池的 2～3 倍，环境污染小，充放电速度快，无记忆效应。镍氢电池初期主要应用在手机、数码相机和笔记本电脑等小型设备上。近年来随着新能源汽车的发展及镍氢电池制备技术的日益成熟，镍氢电池的高功率特性也得到提高，在混合动力汽车（Hybrid Electric Vehicle，HEV）和纯电动汽车（Electric Vehicle，EV）等交通工具上得到应用。

5.1.1 金属氢化物在小型镍氢电池中的应用

1. 小型镍氢电池对金属氢化物的要求

小型镍氢电池主要指民用消费类电器中使用的镍氢电池，如无绳电话、剃须刀、电动牙刷和吸尘器等使用的各种 AA、AAA 或其他型号的镍氢电池。小型镍氢电池由于应用场景不同，对金属氢化物负极材料的要求也不同，一般要求如下：

（1）吸氢量大，即单位质量或单位体积电化学容量高，通常要求电化学容量在 300 mAh/g 以上。

（2）易活化，通常要求 5 次之内即可活化。

（3）有较好的循环稳定性，循环 500 次后的容量保持率在 60% 以上。

（4）平衡氢压适当，一般在 0.02～0.05 MPa 较合适。

（5）吸放氢具有较平坦和较宽的平台区且平衡氢压差小。

（6）氢化物生成热尽量小，氢化物稳定性适中。

（7）有良好的电催化活性。

（8）原材料来源广，成本低廉。

2. 金属氢化物在小型镍氢电池中的应用状况

镍氢电池中得到实际应用的主要是稀土系 $LaNi_5$ 型和 La－Mg－Ni 系储氢合金。$LaNi_5$ 型合金的应用在早期主要为 $MmNi_{3.55}Co_{0.75}Mn_{0.4}Al_{0.3}$。但由于 Pr、Nd 价格昂贵，科研人员积极开发无 Pr、Nd 的储氢合金。目前，无 Pr、Nd 的 $LaNi_5$ 型储氢合金占据我国储氢合金中的绝大多数。此外，Co 作为战略性资源，价值较高，所以在 $LaNi_5$ 型储氢合金中尽可能少用或不用 Co 元素。目前已形成一系列不同 Co

含量的 LaNi₅ 型储氢合金产品,主要分为高 Co(10 wt. %)、中 Co(5 wt. %～6.5 wt. %)、低 Co(约 3.5 wt. %)和无 Co 型。6 wt. % Co 以下的低 Co 型和无 Co 型产品在逐步增加,形成的产品品种也较多。

La‐Mg‐Ni 系储氢合金中除含有 CaCu₅ 结构单元之外,还有储氢量更大的 MgCu₂(MgZn₂)结构单元,放电容量高达 390～410 mAh/g[3],但该类合金由于含有熔点低且极易挥发的 Mg,用传统的真空感应熔炼法难以控制合金成分,且挥发的 Mg 粉容易引起爆炸,一直难以规模化生产。直到 2005 年,日本首次宣布批量化生产 La‐Mg‐Ni 系储氢合金,并利用此合金制备出了超低自放电电池 eneloop。La‐Mg‐Ni 系储氢材料一直是日本独家技术,1997 年以来,日本东芝、三洋、松下等公司申请了大量的 La‐Mg‐Ni 系储氢材料的核心技术专利。目前,日本用于小型镍氢电池(低自放电型)的主要是 La‐Mg‐Ni 合金。

我国科研人员通过用 Y 元素完全替代 La‐Mg‐Ni 系储氢合金中的 Mg 元素,开发出了超晶格 La‐Y‐Ni 系储氢合金[4-6],其放电容量可达到 380 mAh/g 以上,且可直接用现有储氢合金生产设备及工艺制备,有望成为新一代高容量储氢合金。我国生产的储氢材料主要为 LaNi₅ 型合金,自 1994 年开始产业化,在 2008 年左右产量达到了约 11 000 t。之后由于锂电的兴起,镍氢电池增长速度开始放缓。到 2011 年,由于国内稀土价格大涨及锂电池进一步挤压镍氢电池空间,合金粉需求下降到了 10 000 t 以下。近几年国内合金粉产量一直徘徊在 8 500 t 左右,仅次于日本,如图 5‐1 所示[7,8]。日本生产的储氢合金以 LaNi₅ 型合金为主,其产量超过全国储氢合金总产量一半,同我国相比,其 A₂B₇ 型 La‐Mg‐Ni 合金占比较高。日本生产的 LaNi₅ 型合金主要用于大型镍氢动力电池,而用于小型镍氢电池(低自

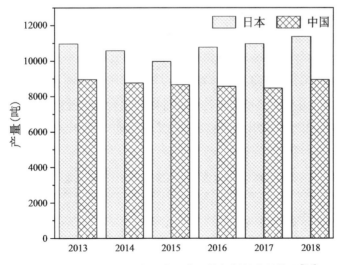

图 5‐1　2013‐2018 年日本和中国储氢材料产量情况[7,8]

放电型)的主要是 La-Mg-Ni 合金。三洋公司自 2005 年 11 月开始批量生产 La-Mg-Ni 储氢合金,并利用此合金制备出了容量为 AA2000、循环寿命可达 1 000 周(IEC 标准)的超低自放电电池,使镍氢电池的容量保持率由每年 80% 提高到每年 85%,三洋公司将该电池定名为 eneloop。目前,eneloop 已发展到第四代,循环寿命可达 2 100 周(IEC 标准),存放 5 年后仍能保存 70% 电量。另外,三洋公司开发出了高容量 AA2500 mAh 的 eneloop pro 电池,容量提高了约 25%,充电放置 1 年后还有约 75% 的电量,可循环使用 500 次,具有电压更高,放电更平缓的特性,高容量和低自放电性能同时得到了体现。

5.1.2　金属氢化物在动力型镍氢电池中的应用

1. 动力型镍氢电池对金属氢化物的要求

动力型镍氢电池对金属氢化物的要求除了与小型镍氢电池的要求基本相同外,还要求金属氢化物应具有良好的大电流放电性能,能够满足镍氢电池在 10C、20C 甚至 30C 的电流密度下放电。因此,动力型储氢合金的平衡氢压要比小型镍氢电池用的储氢合金平衡氢压要高,一般 40℃ 的平衡氢压要求在 $0.04\sim0.07$ MPa。此外,在动力型镍氢电池中应用的储氢合金还应具备另外两个性能:一是宽温性能。汽车在户外使用,需要适应不同季节的温度,所以要求电池具备较好的宽温性能,一般要求在 $-40\sim50℃$ 可正常使用。二是合金粉的均质性和稳定性要高。由于车用电池一般都是组成电池模块或电池包使用,对每节电池的稳定性和一致性要求比较苛刻,所以对储氢合金粉的结构均匀性和性能稳定性要求也相对较高。

2. 金属氢化物在车用动力型镍氢电池中的应用状况

目前动力型镍氢电池使用的负极材料主要是 LaNi$_5$ 型稀土储氢合金,通过将储氢合金粉进行表面处理来获得低内阻、高表面活性的动力电池用负极材料,日本在这方面的技术处于世界领先地位。

目前市场上的动力型镍氢电池有两种,一种是 1.2 V 圆柱形 D 型镍氢动力电池,一种是 7.2 V 方型镍氢动力电池。两种电池组合成电池组后的尺寸、性能对比见表 5-1[9]。圆柱形电池组合成的电池组更省空间,但就电池的性能而言,方形电池的内阻更低、比功率更高,而且组合方便。

表 5-1　方形电池和圆柱形电池的尺寸和性能[9]

形状	尺寸(cm)			交流内阻 (mΩ)	比功率 (W/kg)
	单体电池	电池棒	201.6 V 电池组		
方形	28.5×11.7×20		56×28.5×11.7	6.3	>1 200
圆柱形	Φ3.4×6	Φ3.4×8	49×38×7	7.0	>1 100

表 5 - 2 HEV 用动力电池性能比较[10]

电池种类	比能量 (Wh/kg)	比功率 (W/kg)	-40℃低温性能	循环次数(次)	安全性
铅酸电池	33	130	差	400~500	良
镍氢电池	45~60	>1 100	良	>1 000	良
锂离子电池	100	>1 100	差	>1 000	差

动力型镍氢电池主要应用于油电混合动力汽车(HEV)和纯电动公交车。混合动力汽车使用镍氢电池在安全性和可靠性上都优于锂离子电池。表 5 - 2 列出了 HEV 用铅酸电池、镍氢电池、锂离子电池性能对比[10]，包括丰田、福特、通用等诸多品牌在内的混合动力汽车大多选择镍氢电池作为电能的存储介质，特别是自普瑞斯进入市场以来，尚未发生电池着火等安全事故。

纯电动汽车是完全由可充电电池提供动力源的汽车。由于镍氢动力电池良好的安全性和宽温使用性能，在纯电动公交大巴等大型车辆上有着良好的应用前景。由山东淄博国利新电源科技有限公司生产的镍氢动力电池在纯电动公交大巴上得到了成功应用。自 2012 年起，超过 100 辆 12 m 电容型镍氢动力电池纯电动公交车在山东淄博、日照、内蒙古包头的 6 条公交线路上线进行商业化运行[11]。此外，2014 年江苏省沭阳县使用镍氢动力电容电池组装的新能源轻轨电车，作为世界首台新能源现代有轨电车先导段在沭阳建成并投入试运营。2015 年中国科学院长春应用化学研究所与长春一汽共同研发的 12 m 纯电动客车已进入国家新能源车目录，该车采用 556 V - 200 Ah 电芯，额定续航里程 180 km，-26℃下续航里程 170 km，这些成果都为金属氢化物在纯电动汽车中的应用打下了良好的基础。

5.1.3 金属氢化物在蓄电池储能中的应用

金属氢化物在储能发电中的应用是指利用镍氢电池对可再生能源发电进行储存。一方面，目前我国风力发电加太阳能发电的装机容量已经超过总装机容量的 15%，发电成本也在快速下降。然而，太阳能和风能发电具有间歇性和波动性的缺点，直接接入会对电网产生冲击，因此，为了维持电网的稳定，电力公司限制风电的上网量不能超过电网容量的 10%，出现了"弃风限电"现象。

另一方面，在我国镍氢电池作为通信基站蓄电池的需求也非常大，传统的通信基站以铅酸蓄电池为主，使用寿命短，性能低，低温下难以放电，对安装环境和后期维护要求高，污染环境；而镍氢电池在容量、高低温性能、倍率性能、环保等方面优于铅酸电池，是铅酸电池的最佳替代品之一。

蓄电池储能技术是解决风电和太阳能发电间歇性供电以及替代铅酸电池的有效方法，其作用可概括为以下 3 个方面：

（1）平滑间歇性电源功率波动。安装储能装置,能够提供快速的有功支撑,增强电网调频、调峰能力,大幅提高电网接纳可再生能源的能力。

（2）减小负荷峰谷差,起到"削峰填谷"作用。电力系统如果能够大规模地储存电能,即在晚间负荷低谷时段将电能储存起来,白天负荷高峰时段再将其释放出来,就能在一定程度上缓解负荷高峰期的缺电状况。

（3）增加备用容量,提高电网安全稳定性和供电质量。在电力系统遇到大的扰动时,储能装置可以在瞬时吸收或释放能量,避免系统失稳,恢复正常运行。

作为蓄电池储能技术的镍氢电池要求同动力型镍氢电池一样。随着镍氢电池技术的发展,镍氢电池在容量上、高低温性能、倍率性能、储存性能、循环寿命等方面都有了显著的提高,并具有环保特点,是分布式发电储能电池的最佳候选者之一。2010 年,我国第一座以春兰高能动力镍氢电池为储能系统的 100 kW 国家电网上海储能电站,在成功实现商业运营一年多后,投入上海世博会使用。该储能电站,不仅可将晚上电网上多余的电能储存,为白天用电高峰时供电,实现"削峰填谷",还可以调压调频、稳定电网、消霜除冰,从而推动电力的和谐发展。

在其他备用电源方面,镍氢电池也有着非常广阔的应用前景,如工厂、宾馆、写字楼、商场等公共建筑物内配备的应急照明和指示灯,还有一些机房、仪器设备等配备的应急储能电源。这些应急电源平时不用,只有在断电的时候用,而这种断电又不是经常发生。由于电池自放电大和存放性能差,即使不用也需要长期处于浮充电状态,以保证电池有足够的电量和不会由于长期放置而报废,因此会造成大量的能源浪费。采用低自放电镍氢电池,如果不用可以按照要求每隔一段时间充一次电,可以有效节约能源。目前应急灯和设备电源主要以镍镉电池和铅酸电池为主,这些电池在制造和废弃后均对环境有严重的污染,用镍氢电池来替代对环境保护具有重要意义。

目前使用镍氢电池储能的主要缺点是成本高,研发高性能低成本的储氢合金及低成本的大容量新型镍氢蓄电池,改良镍氢电池的制作技术,是推动镍氢电池在储能领域大规模应用的一个重要方向。

5.2 金属氢化物在气固态储氢中的应用

5.2.1 金属氢化物在氢气储存、运输中的应用

氢能被视为最具发展潜力的清洁能源之一,氢的制取、储存、运输和应用技术成为备受关注的焦点。氢在一般条件下是以气态形式存在的,这就为储存和运输带来很大的困难。氢的储存有以下 3 种方法:

（1）高压气态储氢：一般是将制得的氢气通过压缩机压缩存储在储氢容器中供客户使用，具有简单易行、成本低、相对成熟、充放气速度快和使用温度低等优点，但是它储量小、耗能大，需要耐压容器壁，存在氢气泄露与容器爆破等不安全因素。

（2）低温液态储氢：是指将氢气冷却到-253℃以下使氢气液化，然后将其储存在高真空的绝热容器中。与高压气态储氢相比，低温液态储氢具有体积密度高和储氢量大等优点，但液化氢气需要消耗较大的冷却能量且损耗的能量约为储存氢气热值的30%，从而提高了储氢与放氢的成本。另外，液态储氢需要储存容器能耐低温且具有良好的绝热性能，以避免氢气的挥发。

（3）金属氢化物储氢：是指氢与储氢合金进行气固态反应形成稳定氢化物，氢以原子态储存于储氢合金中。与高压气态储氢、低温液态储氢相比，具有不需要高压容器和隔热容器、安全性好、无爆炸危险、可获得高纯度氢、操作方便等特点。

表5-3为3种不同储氢方式储氢特点的比较[11]，金属氢化物体积储氢密度是高压气态储氢的2～7倍，是液态储氢的1～2倍，具有体积储氢密度大、安全性高等优点，可以大大节省安装空间，减少占地面积。从输氢方面讲，目前仍以管束车运输氢气为主，金属氢化物储氢的大体积储氢密度使其在车载输氢方面更有优势。例如，$LaNi_5$型合金储氢装置与普通15 MPa储氢钢瓶相比，在相同储氢量下，其容器体积仅为高压钢瓶的1/4，容器压力降到1 MPa以下；AB_2型合金储氢装置（压力5 MPa，有效储氢量为8.4 kg，体积376.9 L）与高压气态储氢罐（压力35 MPa，有效储氢量为9.5 kg，体积1 295.8 L）相比，在相同体积下，固态合金储氢装置可有效储存的氢气质量为高压气瓶的3倍，压力降低为高压气瓶的1/7。因此，金属氢化物储氢系统可以有效提高汽车的运氢量，并且储氢容器压力降到了5 MPa以下，提高了运输过程的安全性。

表5-3　气态储氢、液态储氢和金属氢化物储氢的特点比较[11]

储氢方式	氢压（MPa）	质量储氢密度（%）	体积储氢密度（kg/m³）	操作温度（℃）	放氢速度
高压气态储氢	35	4.8	23	-30～120	快
	70	5.7	40.8	-30～120	快
低温液态储氢	0.4	5.11	70.8	-253	快
金属氢化物储氢	MgH_2：0.01～0.1	7.6	132.4	200～400	慢
	$TiFeH_{1.95}$：1.5	1.86	83.7	20～100	中

5.2.2　金属氢化物作为燃料电池的供氢介质

燃料电池是将燃料与氧化剂的化学能通过电化学反应直接转换成电能的发电

装置。图5-2为氢燃料电池原理图。燃料电池是一种发电装置,它所需的化学燃料不是储存于电池内部,而是从外部供应,反应产物一般是水和二氧化碳。燃料电池可以使用多种燃料,包括氢气、碳、一氧化碳以及比较轻的碳氢化合物,氧化剂通常使用纯氧或空气。目前燃料电池主要分为两大技术路线,一是质子交换膜燃料电池(Proton Exchange Membrane Fuel Cell,PEMFC),适用于移动式电源,如车辆等,二是固体氧化物燃料电池(Solid Oxide Fuel Cell,SOFC),适用于发电站等固定式电源。

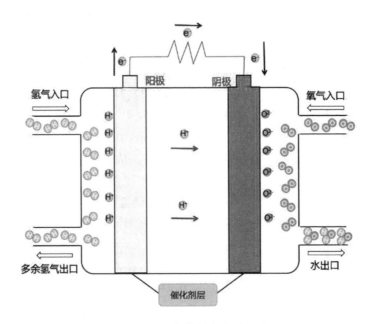

图5-2 氢燃料电池原理图

1. 金属氢化物在燃料电池车用供氢系统中的应用

燃料电池作为驱动电源在汽车中的应用是目前各国大力发展的方向。与传统汽车相比,氢燃料电池汽车的能量转化效率高达60%～80%,是内燃机的2～3倍,且生成物是清洁的水,可真正实现零排放,不会污染环境。目前,实现商业化燃料电池的乘用车是丰田Mirai,其采用的是70 MPa高压储氢罐,储氢质量密度高达5.7%,但其体积储氢密度仅为40.8 kg/m^3,远低于金属氢化物的体积储氢密度。目前,高压储氢的安全性问题是限制其大规模商业化的主要因素。

金属储氢合金体积储氢密度虽高,但质量储氢密度偏低、储氢罐过重,因此,更适合用于对重量不敏感的车型,例如,公交汽车、重型卡车、物流车和叉车等。金属氢化物储氢式燃料电池车对储氢合金性能有如下要求:①高储氢容量,合金的质量储氢密度一般要高于1.7 wt.%;②合适且平坦的压力平台,能在环境温度下进行

图 5 - 3　佛山飞驰与深圳佳华利道研制的低压储氢公交车

操作,室温下压力通常在 1～5 MPa 左右即可;③易于活化;④吸放氢速度快;⑤良好的抗气体杂质中毒特性和长期使用稳定性。2019 年,佛山市飞驰汽车制造有限公司与深圳市佳华利道新技术开发有限公司合作,成功研制出全国首台低压储氢燃料电池公交车(图 5 - 3)。该款公交车燃料电池系统采用的是 AB_2 型金属氢化物储氢方式,相比于高压储氢,储氢瓶内工作压力小于 5 MPa,压力降低为高压气瓶的 1/7,相同体积下可有效储存的氢气质量为高压气瓶的 3 倍。2020 年 4 月,深圳市佳华利道新技术开发有限公司与北京有研工程技术研究院有限公司合作开发的 4.5 t 金属氢化物储氢燃料电池冷链物流展示车在珠海广通车辆制造有限公司下线。该车采用北京有研工程技术研究院有限公司研发的金属氢化物储氢系统作为氢源,额定储氢量为 8.4 kg,在全程冷藏厢温度保持 5℃下百千米氢耗不到 2.8 kg,能够满足市内日均 160～180 km 配送里程需求。目前,金属氢化物储氢技术在燃料电池车领域的应用仍处于研发或示范应用阶段,未来将具有良好的应用前景。

除了单一的金属氢化物储氢方式,近年来,人们又开始研发固态高压混合储氢方式,即金属氢化物固态储氢和高压气态储氢相结合的方式。储氢容器内不但金属氢化物自身可存储氢气,同时,氢化物粉体间的空隙及容器内预留的膨胀空间也均参与储氢,从而实现固-气混合储氢。这种储氢方式相比高压气态储氢,体积储氢密度得到了有效提升,且供氢速度快,低温下工作性能好,是目前较为理想的储氢方式。图 5 - 4 为一种固态高压混合储氢装置[12],包括 1 个高压母罐和多个填充有储氢合金材料的子罐,各子罐安装于母罐内并与母罐内腔连通。母罐一端开口为进/出气口,另一端开口设有换热管,换热管与各子罐相连。该装置的储氢压力为 35～85 MPa,放氢压力稳定在 35 MPa 以上,是同等压力下高压气体储氢量的 1.5 倍。

固态高压混合储氢罐要求使用的储氢材料具有高的吸放氢平台压,在室温下其放氢平衡压力应高于 1 MPa[13]。高平台压使得储氢材料与高压储氢罐能够有

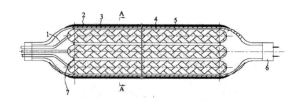

图 5-4　一种固态高压混合储氢罐[12]

1. 换热管；2. 纤维缠绕层；3. 母罐内胆；4. 子罐；

5. 储氢合金；6. 螺塞；7. 子罐安装基座

效匹配、耦合，并实现快速的吸/放氢。车载 35 MPa 混合储氢罐中的高压储氢材料的要求与低压储氢材料不同之处在于[11]吸放氢平台压力更高，一般要求 120℃的吸氢平台压小于 35 MPa，零下 30℃的脱氢平台压大于 1 MPa。目前，高压固态储氢材料主要有 AB_2 型合金（$ZrFe_2$、$TiCr_2$）和 Al 基金属配位氢化物等。为了开发轻质的混合储氢罐用高压储氢材料，近年来，研究者们对这些储氢材料进行了深入研究，通过元素取代、非化学计量比、热处理等方法对其热力学和动力学进行了调控，取得了一定的技术进展。

2. 金属氢化物在燃料电池发电技术中的应用

金属氢化物可以应用于燃料电池发电站系统。如图 5-5 所示，储氢合金可以将利用可再生能源电解水制得的氢气储存起来，再在需求时通过燃料电池进行发电。与燃料电池车对储氢系统的要求相比，燃料电池发电站对储氢系统的重量储氢密度要求不如车载储氢高，而往往由于建造场所空间等的限制，体积储氢密度是其一个关键技术指标。金属氢化物体积储氢密度高于液态氢甚至固态氢，作为储氢介质是非常合适的，同时由于其对氢气会起到净化提纯作用，还可以为燃料电池提供高纯氢源，提高燃料电池的使用寿命。

世界各国都在进行金属氢化物储氢应用于燃料电池发电技术的研发和示范运行，上述提到的意大利普利亚地区建设的 39 MWh 可再生能源制氢储能系统，就是利用 3.5 GW 的太阳能、风能和生物能资源组成的发电系统电解水制氢，然后由储氢容量超过 1 t 的金属氢化物储氢系统为一套 1.2 MW 的氢燃料电池系统提供氢气发电[14]。日本东芝公司开发出的集可再生能源电解制氢、储存以及燃料电池发电、供热为一体的独立综合能源系统"H_2One"，已广泛应用于医院、酒店以及一些岛屿作为应急电源或分布式供能系统，该系统采用装有稀土系 $LaNi_5$ 型储氢合金的储氢罐进行储氢并为燃料电池供氢。2015 年以来 H_2One 已在日本多地示范运营，现已拓展到新加坡，将来还有望在菲律宾、印度尼西亚等国运营。我国国家电网有限公司在 2014 年启动了"氢储能关键技术及其在新能源接入中的应用前期研

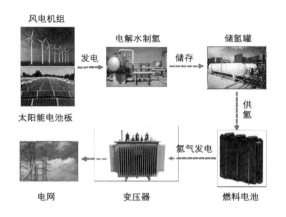

图 5-5 可再生能源电解水制氢及储能发电示意图

究"项目,建设了包括 30 kW 光伏模拟、2 Nm³/h 电解水制氢、16 Nm³ 金属氢化物储氢以及 10 kW 质子交换膜燃料电池模块的氢储能实验平台[15],具备了氢储能系统效率测试能力,为日后大规模可再生能源制氢的关键技术研究及应用提供了理论基础。北京有研工程技术研究院在北京怀柔基地建立了从风电电解制氢、储氢到燃料电池发电的一个完整示范系统,该系统采用单体储氢容量为 500 m³ 的钛基金属氢化物储氢方式。广东省稀有金属研究所开发的 42 m³ 金属氢化物储氢系统,能够给 3 kW 的燃料电池系统连续供电 10 个小时以上,已远销欧洲,在离岸岛屿作为分布式电源使用。

随着世界各国利用可再生能源大规模制氢技术的发展以及产业化进程的推进,越来越多的可再生能源制氢发电项目将会落地实施,金属氢化物储氢技术由于具有高的储氢密度,相信将会在氢能发电技术中得到越来越多的应用。

3. 金属氢化物储存容器

不论是车载燃料电池还是固定式发电的燃料电池,利用金属氢化物作为供氢介质时,都需要配备装填金属氢化物的储存容器。一般情况下,对金属氢化物储存容器的性能有如下要求:

(1) 良好的热传导性。由于金属氢化物在吸放氢过程中具有显著热效应,吸氢时放热,放氢时吸热,且金属氢化物粉末本身的导热性较差,在吸放氢过程中需要进行热交换,因此,储存容器需具有较好的传热结构,能够有效与外界进行热交换。

(2) 合理的装填结构。储存装置内部应设计结构合理的粉末床,使金属氢化物能够在容器内部合理装填,从而防止粉末流动造成局部堆积,造成容器内局部压力过大而发生变形。

（3）合适的装填密度。由于金属氢化物粉末吸氢后容易产生体积膨胀，因此应设计合理的装填密度，以防止金属氢化物吸氢膨胀导致罐体变形乃至破裂。

（4）良好的氢气传质结构。金属氢化物材料在吸放氢过程中发生粉化，在气流驱动下粉末会逐渐堆积形成紧实区，增加氢气流动阻力，因此，在容器内应设计方便氢气进出的管道，便于氢气流动传质。

（5）容器具有良好的密闭性、耐压性，同时材质要抗氢脆，寿命长。

目前，金属氢化物储存容器大多采用圆筒状金属外壳，材质以不锈钢或铝合金为主。围绕储氢容器的传热和传质，在内部结构设计上大体分为两种，一种是在容器内部设置热交换部件，特别是与空气直接进行换热的储存容器，由于内部金属氢化物反应床存在明显的温度梯度[16]，距离外界越近的地方，热量越容易导出，而芯部位置热量较难快速导出而呈现出高温，因此，需强化其内部换热条件，以提高储氢合金的吸放氢性能。例如，图5-6所示的储氢罐在罐体内设置了高热导率的金属螺旋结构件（铝、铜、铝合金或铜合金）[17]，既可有效增强罐内氢化物粉末床体的传热，又对氢化物粉末起到固定支撑作用，防止因粉末局部聚集应力过大而造成罐体变形或破裂。另一种是在罐体内部设置换热管道，通过导热介质的流动在罐体内部及内外部之间加强热交换。如图5-7所示的储氢罐是一种内换热式金属氢化物储氢罐[18]，在罐体内部设置了不锈钢换热管，进水部分为螺旋式盘管，回水部分为直管，进水口和出水口分别位于氢气阀门两侧，通过焊接方式与罐壁密封。该装置通过循环水在罐体内部螺旋式换热管道中的流动，将金属氢化物床体吸放氢过程中产生的热量导出，实现热交换的目的。

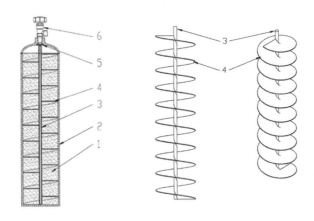

图5-6　带有螺旋结构的金属氢化物储氢罐[17]
1. 金属氢化物粉末；2. 罐体；3. 导气管；4. 螺旋结构件；5. 过滤片；6. 阀门

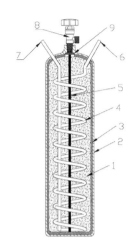

图 5 - 7　一种内换热式金属氢化物储氢罐[18]

1. 金属氢化物床体;2. 罐体;3. 弹性缓冲层;4. 换热管;5. 导气管;6. 进水口;

7. 出水口;8. 氢气阀门;9. 氢气过滤片

5.2.4　金属氢化物在氢气压缩机中的应用

氢气一般被压缩成高压气体后供不同场合使用。金属氢化物在低温时吸氢压力低、高温时放氢压力高,利用这一特点可对氢气进行增压,实现氢气压缩的功能,其原理如图 5 - 8 所示,储氢合金在较低温度 T_L(一般为室温)和较低压力 P_L 下吸氢形成金属氢化物,饱和后将金属氢化物温度提高到较高温度 T_H,此时,金属氢化物将释放出 P_H 高压的氢气。由于金属氢化物吸放氢压力随温度的变化遵循 van't Hoff 方程,公式(5 - 4),压力(ln$P$)与温度(1/T)呈线性关系(如图 5 - 9),依据此关系可得到不同温度时的氢压,可设计不同目标氢压的单级或多级金属氢化物氢压缩机。

$$\ln P = \frac{\Delta H}{RT} - \frac{\Delta S}{R} \qquad (5 - 4)$$

式中,P、ΔH、ΔS 分别为金属氢化物的平衡压、反应焓和反应熵,R 为气体常数,T 为绝对温度。

对于金属氢化物氢压缩机,金属氢化物的性能是关键因素。金属氢化物应具备如下条件[19]:

(1) 储氢容量大,可逆性好。即合金在所要求的温度下具有高的吸放氢量。

(2) 良好的动力学性能,以提高供应氢的流量和流速。

(3) 平坦的压力平台,以便在给定的操作温度下得到足够的放氢压力和大的压缩氢量。

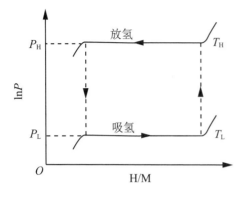
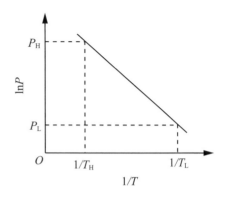

图 5-8　金属氢化物氢压缩机原理图　　　　图 5-9　氢平衡压力和温度的关系

（4）滞后小。滞后的大小直接影响系统的压缩比,小的吸放氢压力滞后是获得高压缩比的重要因素之一。

（5）高的压缩比,这可以在低温热源下获得高压氢。

（6）氢化物生成热大。压缩比与热焓成正比,所以氢化物应有大的生成热,但生成热过大时将增加吸放氢时的传热量,使循环操作时间延长。

（7）长的循环寿命,良好的抗中毒性和抗老化性。

目前,研发的金属氢化物氢压缩机用储氢材料主要包括 AB_5 型、AB_2 型、AB 型及 V 基固溶体型合金等。表 5-4 列出了一些储氢合金的热力学参数及不同温度下的平衡压[20]。由 van't Hoff 方程知,氢化物的平衡压在给定温度下取决于其焓变值 ΔH 和熵变值 ΔS,由表中看出,所有的氢化物 ΔS 值基本保持在 -110 ± 15 J/(K·mol H_2)范围内,与合金类型关系不大,而 ΔH 明显随着材料种类及成分的不同变化较大,因此,在一定温度下,氢化物的平衡压主要取决于其焓变值 ΔH,这就需要根据不同的增压需求选择具有合适焓变值的储氢合金。

金属氢化物氢压缩机实际上是一种化学热压缩机,与机械式压缩机相比,具有如下优点:①质量轻、体积小、成本低;②在增压同时纯化氢气;③系统附件少、结构简单、可靠性高、便于维护;④无运转部件、无磨损、噪声低;⑤可利用太阳能、废热和低品位热源工作,运行成本低,清洁且节省能源。由于这些优点,金属氢化物氢压缩机一直是各国研究的重点,科研人员进行了大量的研究,主要集中在储氢材料、氢化物反应床、热交换等方面,众多研究机构都研制出了压力不同的金属氢化物氢压缩样机。1996 年,美国宇航局应用 $LaNi_{4.8}Sn_{0.2}$、$ZrNi$ 储氢合金开发的三级氢压缩机作为低温制冷机用于"奋进号"航天飞机轨道器,将 10 MPa 氢气压缩成 10 K 以下的固态氢[21],后为欧洲太空总署 2009 年发射的普朗克卫星提供了两台这种低温器[22,23]。2010 年,浙江大学采用 $La_{0.35}Ce_{0.45}Ca_{0.2}Ni_{4.95}Al_{0.05}$、

$Ti_{0.8}Zr_{0.2}Cr_{0.95}Fe_{0.95}V_{0.127}$ 合金,在室温到 150℃(油为热交换介质)之间通过二级压缩获得了 70 MPa 高压氢气[24]。2013 年,挪威建设的金属氢化物氢压缩机与机械压缩机配合使用的加氢站能够为燃料电池车提供 70 MPa 压力的氢气[20]。相信随着燃料电池车及加氢站的发展,金属氢化物氢压缩机也会得到快速发展。

表 5-4　部分储氢合金的热力学参数及不同温度时的平衡压[20]

合金	$-\Delta S$ (J/ K·mol H_2)	$-\Delta H$ (kJ/mol H_2)	温度(℃)			平衡压(MPa)		
			T_L	T_H	P_{eq}	P_L	P_H	
$LaNi_5$	110.0	31.80	25	200	0.149	0.149	17.190	
$LaNi_{4.7}Sn_{0.3}$	112.6	36.51	25	80	0.031	0.031	0.303	
$LaNi_{4.8}Al_{0.2}$	101.6	30.40	50	150	0.096	0.247	3.584	
$La_{0.85}Ce_{0.15}Ni_5$	91.28	24.30	10	110	0.324	0.193	2.850	
$La_{0.2}Y_{0.8}Ni_{4.6}Mn_{0.4}$	105.3	27.10	20	90	0.562	0.467	3.978	
$MmNi_{4.7}Fe_{0.3}$	87.4	25.00	20	102	0.153	0.129	1.214	
$MmNi_{4.7}Al_{0.3}$	107.8	28.88	20	90	0.373	0.305	2.998	
$MmNi_{4.8}Al_{0.2}$	111.3	37.20	50	150	0.002	0.063	1.666	
$Ca_{0.2}Mm_{0.8}Ni_5$	109.5	24.50	0	100	2.675	1.083	19.500	
$V_{75}Ti_{17.5}Zr_{7.5}$	145.1	52.98	30	120	0.002	0.003	0.347	
$V_{75}Ti_{10}Zr_{7.5}Cr_{7.5}$	132.3	42.23	30	120	0.032	0.043	1.990	
$V_{0.85}Ti_{0.1}Fe_{0.05}$	148.0	42.90	-20	100	0.164	0.008	5.314	
$V_{92.5}Zr_{7.5}$	147.0	40.32	30	60	0.411	0.538	2.271	
$TiFe_{0.9}Mn_{0.1}$	107.7	29.70	0	100	0.264	0.088	2.939	
$Zr_{0.7}Ti_{0.3}Mn_2$	85.0	21.00	30	150	0.577	0.663	7.041	
$Ti_{0.8}Zr_{0.2}CrMn$	108.6	24.60	-20	50	2.306	0.395	4.969	
$Zr_{0.8}Ti_{0.2}FeNi_{0.8}V_{0.2}$	118.3	26.80	20	90	3.049	2.535	21.110	
$TiCr_{1.9}Mo_{0.01}$	113.0	24.80	-50	90	3.611	0.125	21.640	
$TiCr_{1.9}$	122.0	26.19	-100	30	6.077	0.003	7.234	
$(Ti_{0.97}Zr_{0.03})_{1.1}Cr_{1.6}Mn_{0.4}$	115.0	23.40	10	99	8.080	4.900	52.790	
$TiCr_{1.5}Mn_{0.2}Fe_{0.3}$	101.0	18.32	-10	148	11.640	4.357	100.800	
$ZrFe_{1.8}Ni_{0.2}$	119.7	21.50	20	90	30.600	36.400	144.500	
$Ti_{0.86}Mo_{0.14}Cr_{1.9}$	117.0	17.20	-50	90	125.300	12.170	434.000	

注:P_{eq} 指 25℃时的平衡压。

5.2.5　金属氢化物在储热中的应用

储氢合金吸氢时放热、放氢时吸热,如公式(5-4)所示,因此,可利用其可逆吸放氢过程中的化学反应焓进行热能的储存或释放,如储存工业废热、地热、太阳能等热能。相比于水、导热油、熔盐、混凝土等显热蓄热及潜热蓄热类型的储热材料,金属氢化物储热具有储热能量密度高、易于控制、反应速度快、热损失小等优点,是一种极具应用前景的新型储能技术,近年来成为热能存储领域的一个研究热点。

金属氢化物储热系统一般采用双氢化物反应器,一个为蓄热反应器,里面填充蓄热用的储氢合金或氢化物,一个为储氢反应器,里面填充用于储氢的储氢合金或氢化物,蓄热反应器与储氢反应器通过阀门连接,如图5-10所示。利用外部热源加热蓄热反应器,则反应器内部的金属氢化物吸热后将发生分解,释放出的氢气通过阀门与储氢反应器内的储氢合金反应形成金属氢化物,即热以氢化学能的形式储存起来,这就实现了热量储存的过程;当需要热能时,将储氢反应器加热,使氢化物发生分解并释放氢气,释放出的氢气通过阀门进入蓄热反应器并与反应器内的储氢合金反应而放出热量,这部分热量就可以提供给热利用系统使用,即为热量释放的过程。整个热力学循环如图5-11所示,系统中的氢按 A-B-C-D 顺序循环。

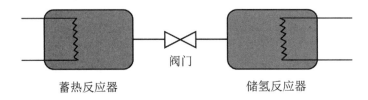

图5-10　金属氢化物蓄热系统示意图

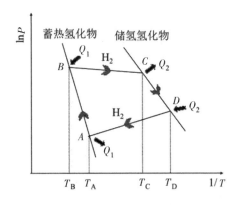

图5-11　金属氢化物储热系统热力学循环图

在金属氢化物储热系统中,对蓄热用的氢化物和储氢用的氢化物要求不同。蓄热用氢化物功能为储存热能,因此,应具有较大的反应焓,而储氢用的氢化物功能为储存氢气,反应焓应较低,而且这两种合金的热容量都应尽量小。同时,两种氢化物在配对工作时还应满足吸放氢速率、平衡压、容量等一致的要求。表5-5列出了部分蓄热用金属氢化物的热力学性质和储热性能[25],根据其工作温度可将蓄热金属氢化物分为高温、中温及低温型。高温氢化物主要有 LiH、TiH_2 和 CaH_2 等,储热工作温度在 500℃ 以上,适合大型太阳能热电站的储热系统;中温金属氢化物主要有 Mg 基材料、$NaAlH_4$ 等,其储热工作温度一般为 200~500℃;低温金属氢化物,主要有 TiFe、$LaNi_5$、$TiMn_2$ 等,其储热温度一般为 0~100℃,即在室温附近即可储存和释放氢气。因此,可根据热源的温度范围选择合适的金属氢化物作蓄热介质。

表 5-5　部分蓄热用金属氢化物的热化学储能性质[25]

金属氢化物	工作温度(℃)	工作压力(MPa)	ΔH (kJ/mol H_2)	ΔS (J/mol $H_2 \cdot$ K)	理论储氢量(wt. %)	理论储热密度	
						质量 (kJ/kg)	体积 (J/m³)
高温金属氢化物							
TiH_2	600~800	>0.05	-142	130	4.0	2 840	10.65
CaH_2	900~1 100	>0.01	-171	126	5.0	4 275	8.165
LiH	950~1 150	>0.01	-190	135	12.6	11 970	9.217
NaH	400~600	>0.05	-130	162	4.2	2 730	3.713
中温金属氢化物							
MgH_2	300~500	0.1~20	-75	136	7.6	2 850	3.933
Mg_2NiH_4	250~500	1.0~20	-54	122	3.6	972	2.634
Mg_2FeH_6	350~550	1.0~20	-77	137	5.5	2 118	5.846
$NaAlH_4$	300~500	1.0~20	-40	132	5.6	1 120	1.400
$NaMgH_3$	400~600	1.0~8	-88	132	4.0	1 760	2.587
$NaMgH_2F$	510~605	0.7~3.7	-96.8	/	2.95	1 428	1.985
低温金属氢化物							
$TiFeH_2$	0-120	0.2-7.0	-28	106	1.9	266	1.500
$TiMn_{1.5}H_2$	0-12	0.3-14	-28	111	1.9	266	0.585
$TiCr_{1.8}H_{3.5}$	0-70	8.5-60	-20	110	2.4	240	0.552

近年来,金属氢化物储热系统的开发及应用受到广泛关注,特别是在太阳能集热发电中的应用研究较多,相继开发了不同性能的小型储热示范装置。早在 1982 年,Kawamura 等[26]就已经对金属氢化物储热系统进行了研究,系统的工作温度为 300~500℃,储热装置内装载了 6.27 kg 的 Mg_2Ni 合金,储热量可以达到 8 MJ。1989 年,德国马普所、斯图加特大学等共同研制了首个基于 MgH_2 材料的小型太阳能发电站,储热系统采用 MgH_2,储氢系统采用 Ti-Fe-Cr-V-Mn 材料,工作温度为 300~480℃,总蓄热量达 12 kWh[27]。1995 年,德国的 Bogdanovic[28]等对具有金属氢化物蓄热装置的太阳灶/冷藏制冰系统进行了研究。此系统的蓄热反应

器与炊具相连,装填了 4.4 kg 的 Ni 掺杂 MgH_2 材料,总蓄热量达到了 3 kWh。储氢反应器与冷藏室和水箱相连接,内含有 30 kg 的 $MmNi_{4.22}Fe_{0.78}$ 合金。此系统工作时可以使炊具达到 300℃ 并保持 5~6 h,同时储氢反应器降低到 -10℃,制冷量达到 0.9 kWh。2010 年,澳大利亚的 EMC Solar Ltd 公司设计了一个 100 kW 的斯特林太阳能热电站,采用 3.26 t 的 CaH_2 作为高温蓄热材料,总蓄热量为 4 320 kWh,可以满足电站运转 18 h 的需求[29]。2015 年,Ronnebro 等[30] 开发了基于 TiH_2 的太阳能储热系统,能量密度达到 200 kWh/m³,可在 635~645℃ 循环运行 60 次以上,满足太阳能高温储热系统的性能要求。2017 年,德国的 Urbanczyk 等[31] 研制了基于 Mg_2FeH_6 的储热系统,采用液态熔盐在高于 300℃ 温度下作为系统导热介质,实现了 1.5 kWh 的热能存储,可用于工业废热的回收。我国也对金属氢化物储热材料及系统进行了研究,北京科技大学李平等[32] 研究了 $LiBH_4/CaH_2$ 复合材料的储热性能,其储热密度达到 3 500 kJ/kg。北京有色金属研究院蒋利军等[33] 搭建了一套太阳能集热发电用储热示范系统,储热材料是 600 kg 的 Mg-Ni 基合金,储氢材料是 $MmNi_{4.5}Mn_{0.5}$ 合金,实际测试表明:储热量高达 1 000 MJ,放热速度大于等于 6 MJ/min,在大于等于 2 000 L/min 的吸氢速率下可连续工作 3 h,实现了国内首家氢化物储热与太阳能集热系统的集成。

目前,金属氢化物储热技术的商业化应用并不广泛,大部分都是小型的示范装置,还需要在材料的开发与匹配、反应器仿真与优化设计、蓄热系统动态特性分析等方面进一步研究,以提高蓄热系统的性能,降低蓄热成本。

5.2.6 金属氢化物在热泵、制冷中的应用

1. 金属氢化物热泵的工作原理

金属氢化物在热泵、制冷中的应用原理和储热本质上是相似的,都是利用金属氢化物吸氢放热、放氢吸热的特点,只因应用目的不同所以在材料选择和操作方式上有所区别。金属氢化物热泵利用同一温度下分解压不同的两种储氢合金 M_a 和 M_b 组成热力学循环系统,利用它们的平衡压差来驱动氢气流动,使两种氢化物分别处于吸氢放热和放氢吸热状态,从而达到热泵或制冷的目的。根据其功能不同,可分为升温、增热和制冷三种基本类型。

(1) 升温型热泵。图 5-12(a)为升温型热泵的工作原理。利用温度为 T_M 的外部热源将高压侧 M_b 的氢化物从 $T_L(D$ 点)升温到 $T_M(A$ 点),并在平衡氢压差的作用下向低压侧释放氢,使 M_a 吸氢(B 点)并放出温度为 T_H 的热量 Q。再将 M_a 的氢化物冷却至 $T_M(C$ 点),M_b 冷却至 T_L,此时,由于 M_a 在 T_M 的平衡氢压比 M_b 在 T_L 的平衡氢压高,所以 M_a 将吸收的氢放出,使 M_b 吸氢(D 点),完成一个循环。温度为 T_H 的热量 Q 即为所利用的热量,由于 $T_H > T_M$,达到升温的目的。该类型适合于一些由于温

度较低不好利用的低品位热源情况,可将这些低品位能作为加热介质,通过升温型热泵将其提高到较高的温度,从而增加了这些能量的可利用性。

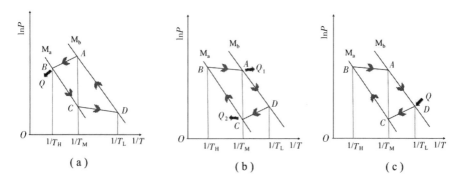

图 5 - 12　金属氢化物热泵工作原理图

(a)升温型,(b)增热性,(c)制冷型

(2) 增热型热泵。图 5 - 12(b)为增热型热泵的工作原理。利用温度为 T_H 的外部热源加热温度为 T_M 的 M_a 氢化物(C 点)至 T_H(B 点),此时,M_a 在 T_H 的平衡氢压高于 M_b 在 T_M 的平衡氢压,M_a 氢化物开始放氢,M_b 开始吸氢并放出温度为 T_M 的热量 Q_1。然后将 M_b 氢化物从 T_M(A 点)冷却至 T_L(D 点),M_a 从 T_H(B 点)冷却至 T_M(C 点),在平衡氢压差作用下,M_b 氢化物释放出氢(D 点),M_a 重新吸氢(C 点)并放出温度为 T_M 的热量 Q_2,完成一个循环。温度为 T_M 的热量 Q_1 和 Q_2 即为所利用的热量,达到增热的目的。增热型热泵可用于冬天的暖气系统。例如,利用冬天大气环境作为低温热源 T_L,并利用太阳能或其他温度较高的余热作为高温热源 T_H,则可产生温度适中(T_M)的大量热能作为暖气系统的热源。

(3) 制冷型热泵。图 5 - 12(c)为制冷型热泵的工作原理,其原理与增热性热泵相同,只不过利用的是 M_b 氢化物在 D 点放氢时所吸收的温度为 T_L 的热量 Q,达到制冷的目的。该类型热泵可用于空调系统,例如,可利用工厂的低品位热能作为高温热源 T_H,户外大气环境作为热源 T_M,通过制冷型热泵,则可产生温度为 T_L 的低温,使户内达到并保持 T_L 温度,以改善工厂自身的工作环境,而在 A 点、C 点吸氢时放出的生成热则被排到户外。制冷型热泵还可用于冷冻系统,可以在食品保鲜中发挥作用。

由以上分析看出,不论是哪种类型的金属氢化物热泵,由一对金属氢化物组成热泵时,只能达到间断式的升温、增热或制冷的目的,为连续获得冷或热,组成热泵时应利用两对以上的金属氢化物,并使每对循环错开。

2. 金属氢化物热泵的主要性能指标

评价金属氢化物热泵的主要性能指标有特性系数 COP(Coefficient of Perform-ance)、总热输出能力 $E_{输出}$。COP 是指系统的有效输出热量 $Q_{出}$ 与系统作为动力输入

总热量 Q_λ 的比值,即

$$\text{COP} = \frac{Q_{出}}{Q_{\lambda}} \tag{5-5}$$

金属氢化物循环的 COP 与循环的具体型式和过程有关。如升温型循环 COP 的计算公式如下[34]:

$$\text{COP} = \frac{M_a \Delta H_{T_H}^a - M_g C_p^g (T_H - T_M)}{M_{aH} \Delta H_{T_M}^a + M_{bH} \Delta H_{T_M}^b + M_{bH} C_p^{bH} (T_M - T_L) + M_a C_p^a (T_H - T_M)} \tag{5-6}$$

式中,ΔH 为氢化物的生成焓;a、b 为 2 种金属或合金,aH、bH 为对应的金属氢化物;M、C_p 分别为氢气、金属或金属氢化物的质量和质量比热。

在制冷循环中 COP 为[19]:

$$\text{COP} = \frac{\Delta H_{放}^{(2)} \cdot \Delta C_{L\max} - C_P^{(2)} (T_M - T_L)}{\Delta H_{放}^{(1)} \cdot \Delta C_{H\max} + C_P^{(1)} (T_H - T_M)} \tag{5-7}$$

式中,$\Delta H_{放}^{(1)}$、$\Delta H_{放}^{(2)}$ 分别是高、低温端金属氢化物的分解热;$\Delta C_{H\max}$、$\Delta C_{L\max}$ 分别是金属氢化物对在$(T_H \sim T_M)$段和$(T_M \sim T_L)$段的最大工作氢容量;热容量 $C_p = C_H + f C_r$,f 是反应器和金属氢化物的质量比,C_H 是金属氢化物的热容,C_r 是反应器的热容,上标(1)、(2)分别表示系统的高、低温端。该公式中忽略了与加热或冷却氢气相关的热量。在实际工作中金属氢化物床的传热性也是影响 COP 的主要因素。

$E_{输出}$ 是指单位时间内系统输出的总热量,如,制冷型:

$$E_{输出} = \Delta H \cdot \Delta C \cdot M \cdot n \tag{5-8}$$

式中,ΔH 为金属氢化物的分解热,ΔC 为有效工作氢容量,M 为低温端金属氢化物的质量,n 为单位时间内的循环次数。如果 ΔH 是单位有效工作氢容量的氢化物分解热,则 $E = \Delta H \cdot \Delta C \cdot n$;如果 ΔH 是低温端金属氢化物单位质量的分解热,则 $E = \Delta H \cdot M \cdot n$。$E_{输出}$ 取决于氢气传递速度,而该速度又由配对金属氢化物的压力差和每个循环中实际转化的氢气量决定。

3. 热泵用金属氢化物的配对性

(1) 由于热泵一般使用两种不同平衡压的金属氢化物作为介质,因此,不仅每种金属氢化物的性能会影响热泵的性能,两种氢化物之间的配对性也是影响热泵的主要因素之一。因此,用作热泵材料的金属氢化物应具备的特殊要求是两种氢化物的生成焓应具有合适的匹配性。一般升温循环时 $\Delta H_a > \Delta H_b$、制冷循环时 $\Delta H_a \leqslant \Delta H_b$ 对循环有利,增热循环时 COP 随着 $\Delta H_b / \Delta H_a$ 的增大而增大。

(2) 根据 van't Hoff 方程,假设热泵操作过程中 M_a、M_b 在吸放氢反应中的压力相等,即没有压差,可推导出热泵用金属氢化物对的关系式:

$$\frac{\Delta H_b}{\Delta H_a} - \frac{T_M (\Delta S_b - \Delta S_a)}{\Delta H_a} = \frac{T_M}{T_H} \tag{5-9}$$

$$\frac{\Delta H_b}{\Delta H_a} - \frac{T_L(\Delta S_b - \Delta S_a)}{\Delta H_a} = \frac{T_L}{T_M} \qquad (5-10)$$

合并式(5-9)(5-10)则可导出金属氢化物热泵的操作温度与构成热泵的氢化物有下列关系：

$$\frac{\Delta H_b}{\Delta H_a} = \frac{1 - T_M / T_H}{T_M / T_L - 1} \qquad (5-11)$$

根据式(5-11)，已知 2 种金属氢化物的熔变可确定 T_H、T_M、T_L 的关系，或根据 T_H、T_M、T_L 的要求选取合适的金属氢化物对。

作为特例，如果 $\Delta S_a = \Delta S_b$，则从(5-9)、(5-10)可推出操作温度具有下列关系：

$$T_M^2 = T_L T_H \qquad (5-12)$$

如果 $\Delta H_a = \Delta H_b$，则从式(5-11)可导出：

$$\frac{T_M}{T_H} + \frac{T_M}{T_L} = 2 \qquad (5-13)$$

所以，如果选择了热泵的工作温度，2 种氢化物的熔比便可确定，从而可以选择对应的金属氢化物对。如要利用 $T_M = 50$℃ 的废热，若高温 $T_H = 109$℃、低温 $T_L = 0$℃ 时，选取熔变值 $\Delta H_b = 29.3$ kJ/mol 的氢化物 M_b，则对应的另一氢化物 M_a 的熔变值 ΔH_a 必须为 34.7 kJ/mol，这样才能获得最佳的 COP。实际上，以上推导是在假设两种合金吸放氢时平衡压相等的前提下且忽略了平台的斜率和滞后，是一种理想状态，实际应用时还应综合考虑。

目前开发的金属氢化物热泵用储氢合金主要有稀土系、Ti 系、Zr 系及 V 基固溶体合金等，每种合金在性能及制造方面各有优劣。表 5-6 列出了部分金属氢化物合金对及对应的 COP，由于氢化物床体传热与反应器换热性能等直接影响系统的效率，所以，系统的 COP 除了直接决定于所选择的储氢合金性能及合金对的匹配性外，也与使用的热源温度、反应床的结构、热交换方式、氢气循环时间等密切相关，提高以上性能也能有效提高系统的 COP 值。

表 5-6　热泵用部分储氢合金对及系统 COP 值

储氢合金对	类型	工作温度(℃)			COP
		T_H	T_M	T_L	
$LaNi_{4.61}Mn_{0.26}Al_{0.13}$ / $La_{0.6}Y_{0.4}Ni_{4.8}Mn_{0.2}$	制冷	150	40	18.4	0.26
$La_{0.6}Ml_{0.4}Ni_{4.7}Cr_{0.3}$ / $La_{0.2}Mm_{0.8}Ni_{4.35}Fe_{0.65}$	制冷	150	40	15	0.74
$Ti_{0.65}Zr_{0.35}Mn_{1.4}Cr_{0.2}(VFe)_{0.4}$ / $Mm_{0.8}La_{0.2}Ni_{4.35}Fe_{0.65}$	制冷	200	40	20	0.41
$V_{0.846}Ti_{0.104}Fe_{0.05}$ / $TiFe_{0.9}Mn_{0.1}$	制冷	100	30	18	0.89
$V_{0.855}Ti_{0.095}Fe_{0.05}$ / $MmNi_{4.7}Al_{0.3}$	制冷	127	30	10	0.86
$LmNi_{4.91}Sn_{0.15}$ / $Ti_{0.99}Zr_{0.01}V_{0.43}Fe_{0.09}Cr_{0.05}Mn_{1.5}$	制冷	130	35	20	0.22

4. 金属氢化物热泵的开发[35]

金属氢化物热泵由于具有以下优点,引起了国际上众多学者的关注,成为近年来的开发热点。

(1) 节能。可利用废热、太阳能等低品位的热源驱动热泵工作,与任何其他类型的热泵相比,它是唯一由热驱动的空调,因而可以节省一次能源。

(2) 环保。金属氢化物热泵空调在循环过程中以氢气为工作介质,以金属氢化物为能量转换载体,不存在氟利昂此类对大气臭氧层有破坏的物质,所以其是新型环保绿色空调。

(3) 安全和安静。系统通过气固两相作用,因而无腐蚀。在空调运行过程中,除了阀门的开闭之外,没有任何运转部件及由部件运转引起的噪音,因而是一种既安全又安静的热泵。

(4) 工作温度范围大。可根据温度和压力需要选择相应的金属氢化物,也可在同一金属氢化物反应对的 van't Hoff 图上选择不同的点构成循环,故系统工作温度范围大而且可调。

1977 年, Terry 获得氢化物热泵的第一个专利, 当时使用的合金对是 $LaNi_4Cu/TiFe$。同年,美国阿贡国家实验室建成的太阳能转化系统(HYCSOS)采用 $CaNi_5/LaNi_5$ 合金对,分别在 117℃、40℃和 8℃操作温度下,净制冷量为 3.5 kW。20 世纪 80 年代美国 Solar Turbines International Inc. 以 $LaNi_5/LaNi_{4.5}Al_{0.5}$ 合金对作制冷样机,以 90℃的废热作为热源、29℃的大气环境作为散热源时,产生 4.4~10℃的低温,开发出制冷功率为 3 000 kcal/h 的热泵。德国 Diamler Benz 公司自 1981 年开始对车用空调及家用空调进行了研究,使用 $LaNi_5/Ti_{0.9}Zr_{0.1}CrMn$ 合金对进行的制冷循环,在 $T_H = 150℃$ 和 $T_M = 50℃$ 的条件下获得了 - 25℃ 的低温。以色列技术学院研制的汽车氢化物空调系统,采用发动机排放的尾气作加热源,环境大气为中温热源,利用 $LaNi_{4.7}Al_{0.3}/MmNi_{4.15}Fe_{0.85}$ 合金对在工作温度为 227℃、40℃和 10℃条件下,经低温热交换器翅片出口空气的冷却温度为 - 2~7℃,其冷却温差约为 27℃。

日本在这方面的研究卓有成效。日本重化学工业公司以 160℃的高温气体为热源,采用气体-气体型热交换器开发金属氢化物冷气系统,得到 12℃的冷风,高压侧使用 19 kg $MmNi_5$ 系合金,低压侧使用 19 kg $LaNi_5$ 系合金。松下电器研究的氢化物空调,高压侧用 $Ti_{0.9}Zr_{0.1}Mn_{1.6}Cr_{0.2}V_{0.2}$ 合金约 17 kg,低压侧用 $LaNi_5$ 合金约 18 kg,获得 1 600 kcal/h 的冷气输出。日本工学院以 $LaNi_{4.7}Al_{0.3}/MmNi_{4.0}Fe_{1.0}$ 合金对各 20 kg 作制冷循环,利用 150℃高温气体作驱动热源,可产生 10℃的冷空气,最大功率为 4.1 kW,COP = 0.4。日本三洋公司用 Mm - Ni - Mn - Al/Mm - Ni - Mn - Co 各 20 kg 制成的氢化物制冷系统,在使用 130~150℃高温换热介质和

20℃冷却介质的条件下,可连续获得-20℃的低温,制冷功率为900～1 000 W。

在国内,浙江大学开展的金属氢化物及其汽车用空调的研究工作,分别以 $LaNi_{4.45}Cu_{0.3}Al_{0.15}$ 和 $Mm_{0.6}La_{0.4}Ni_{4.4}Fe_{0.6}$ 为热端和冷端合金,进行了汽车用空调 1/4 大小的模拟样机的设计和加工。为使汽车发动机尾气得到充分利用,采用 3 对合金对组成复合床反应器,计算得出空调系统的 COP 值可达 0.46。之后研制的 $La(NiCu)_5Zr_{0.05}/Ml_{0.4}Mm_{0.6}(NiFe)_5$ 合金对,在 90℃、35℃和 15℃操作温度下,其理论 COP 达 0.62。上海交通大学在可用于尾气驱动型车用金属氢化物制冷空调系统的 $LaNi_{4.61}Mn_{0.26}Al_{0.13}/La_{0.4}Y_{0.4}Ni_{4.8}Mn_{0.2}$ 储氢合金的基础上,设计了工作温度为 150℃、20～50℃和 0℃的功能验证型金属氢化物间歇制冷系统,制冷功率为 238 W。

自从 20 世纪 70 年代提出金属氢化物热泵的概念以来,各国学者倾注了巨大的努力,研究工作取得了很大的进展。但是从整体上来说,大部分工作仍处于试验阶段,多数为小型实验装置,而且效率普遍都不高,离实用化还有一定的距离,目前金属氢化物热泵主要存在以下几个问题:

(1) 合金的性能和合金对的适配性并不理想。

(2) 合金的粉末化使热传导效果大大降低,一般的传热系数只有 0.5 W/m·K 左右,远不能满足热泵的要求。

(3) 现有热泵样机的热交换速度较差,仅为合金本身放热、吸热速度的 1/5～ 1/10,不能充分发挥合金的速度特性。

(4) 合金成本较贵。

随着对氢化物热泵的进一步研究,目前建立了许多有关氢化物热泵系统运行的数学模型和开发了一系列软件,这些模型和软件考虑了诸多影响热泵系统性能的因素,如热源温度、驱动能量、加热时间、储氢容量、氢气压力、反应床的热交换效率和循环时间等。在科学计算的基础上,可以进一步完善热泵系统的结构和工作模式,对热泵系统的优化设计和运行起到促进作用,从而大大提高热泵系统的效率。

5.2.7 金属氢化物在氢同位素分离与储存中的应用

1. 在氢同位素分离中的应用

氢同位素有 3 个,即氕(H^1)、氘(D^2)、氚(T^3)。氘的产物重水在核工业中常被用作原子裂变反应堆的冷却剂和减速剂,氚则是核聚变反应的主要核燃料,因此,为了满足核工业的生产和实验研究的需要,往往需要进行氢同位素的分离以获得高纯氘和高纯氚。同时,氚具有放射性,分离回收核聚变反应废物中的氚,减少氚排放到大气中对环境的污染也至关重要。

氢同位素分离原理是利用金属氢化物的同位素效应。金属氢化物同位素效应可分为热力学同位素效应和动力学同位素效应。热力学同位素效应主要指金属或合金在吸氢或吸氘(氚)时平衡压力和吸氢量存在差异;动力学同位素效应指氢或氘、氚在金属或合金中的扩散速度以及吸收速度存在差异,这些差异可以使氢的同位素在一定条件下实现分离。图 5-13 为钒的氢化物及氘化物的放氢 PCT 曲线,二者在同一温度下的分解压相差约 0.3 MPa,因此,可用这一特性分离 H₂ 与 D₂。例如,将 1 MPa 的含有 D₂ 的 H₂ 导入到充填钒的容器里,两种气体都暂时被吸收到钒里。然后,将压力降到 0.2~0.3 MPa,这时,只有 H₂ 从钒里释放出来,而 D₂ 被浓缩在钒里。采用上述方法同样可以分离出氚。

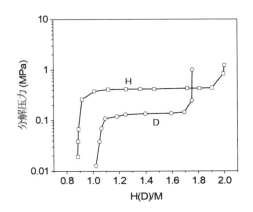

图 5-13　VH$_{0.8}$-H 和 VD$_{0.9}$-D 系 40℃时的分解 PCT 曲线

一般将金属氢化物的平衡压高于氘化物或氚化物的称为正同位素效应,低于氘化物或氚化物的称为逆同位素效应。金属或合金在吸氢或吸氘(氚)时平衡压力的差异主要是由氢(氘)在金属或合金晶格间隙位置中零点能的差别引起的。当氢同位素占据四面体间隙时,氢由气态到固态零点能间的能量差小于氘,则氢的可溶性小于氘,这时出现了 $P_{氢}>P_{氘}>P_{氚}$,即正同位素效应。当氢同位素占据的是八面体间隙时,氢由气态到固态零点能间的差别就大于氘,则氢的可溶性就大于氘,这就出现了 $P_{氢}<P_{氘}<P_{氚}$,即逆同位素效应。典型的正、逆同位素效应的两种金属是钒和钯,钒是正同位素效应金属,钯则是逆同位素效应金属。

利用平衡压差分离氢同位素时,应考虑平衡分离系数 α。α 定义如下:

$$\alpha = \frac{\left(\dfrac{Y_D}{Y_H}\right)}{\left(\dfrac{X_D}{X_H}\right)} \tag{5-14}$$

式中,$X_{H(D)}$ 与 $Y_{H(D)}$ 分别为 H(D) 在固相和气相中的浓度。在实际应用中,α 应该足够大才有实际应用价值,一般要求 α 要大于 1.3[36]。表 5-7 列出了部分金属和合金的平衡分离系数[37]。α 不仅取决于材料的性能,而且也受气体压力、同位素的浓度、温度等影响,其中温度对 α 的影响较其他两个因素更为明显。

表 5-7　部分金属和合金的平衡分离系数[37]

金属或合金	温度(℃)	α_{H-D}	α_{H-T}
U	$250\sim430$	1.3	/
	0	/	0.53
V	45	/	0.62
	40	/	0.83
	300	/	0.94
Pd	60	1.6	/
	-34	0.86	/
LaNi₅	0	/	0.8
	47	/	0.92
	60	1.08	/
LaNi₄Al	60	1.29	/
LaNiCu₄	60	1.32	/
LaNi₀.₅Al₀.₅Cu₄	60	1.55	/
CaNi₅	60	1.05	/
CaNi₄Al	60	1.37	/

　　另一种是利用动力学效应分离氢同位素,如 TiNi 合金吸收 D_2 的速度为 H_2 的 1/10,在氢被吸收后剩下气体中 D_2 的浓度升高,反复数次,D_2 浓度就可浓缩到 5 万倍左右。将含 7‰ D_2 的氢气导入到充填 TiNi 的密闭容器里,并加热到 150℃,由于氢被吸攻,容器压力由 7×10^5 Pa 降到 10^5 Pa,然后把 TiNi 充填层冷至室温,压力降至 0.5×10^5 Pa,操作 1 次,可使 D_2 浓缩 50%[37]。

　　金属氢化物的动力学同位素效应也与原子占据的间隙位置有关。当原子由八面体间隙跃到另一个八面体间隙时,基态和激活态间的能量差随着同位素质量的增加而降低,重同位素扩散活化能就比轻同位素小。反之,当原子在四面体间隙间跳跃时,基态和激活态间的能量差随着同位素质量的增加而增加,这样重同位素的扩散活化能就大,可移动性就差。

　　以金属氢化物分离氢同位素必须较好地满足下面 3 个条件:

　　(1) 同位素分离系数足够大。

　　(2) 同位素传输速度足够快。

（3）金属氢化物必须实用和价廉。

金属钯及其一些合金，如 Pd - Ag、Pd - Cu 等，由于其显著的氢化物同位素效应，一直被用作氢同位素分离的首选材料，然而其价格昂贵，人们希望能够开发出更廉价的替代品，研究了包括 $LaNi_{5-x}M_x$（M＝Al、Fe、Zr、Cu、Co）、TiFe、Mg_2Ni、$ZrMn_2$、AB_x（A＝La、Ce、Pr、Er、Ca；B＝Co、Ni、Cu）和 Ti - V - Cr 等一系列合金的氢同位素效应，多数合金的热力学同位素效应均较小，分离效果不佳。到目前为止，金属 Pd 出色的分离性能使其他金属（合金）材料很难取代。

2. 在氢同位素储存中的应用

氘、氚作为热核聚变实验堆（International Thermonuclear Experimental Reactor，ITER）的燃料，其储存与供给是聚变堆反应的关键环节，特别是由于氚具有放射性，要求其在储存和运输时不能发泄漏，以免造成安全隐患，这就对氢同位素的储存与运输提出了较高的要求。在高压气态储氢、液态储氢、金属氢化物储氢几种方式中，高压气态储氢和液态储氢由于高压或低温均具有泄漏的风险，无法应用于大量氘、氚的存储，而金属氢化物储氢具有安全性高、体积储氢量大、吸放氢温度温和、工作压力低、具有一定固氦能力等优点，非常适合于氢同位素的存储和供给。

金属氢化物储氘（氚）的原理与储氢原理相同，但由于二者应用背景不同，因此对储氢/储氘（氚）材料的性能要求略有不同，主要区别为：①储氘（氚）材料要求室温下离解压低于大气压，否则在室温下氘（氚）容易向容器外扩散，造成泄漏。②储氚材料应有较好的固氦性能。由于氚的衰变会产生氦，氦的释放会显著影响氚的纯度，因此，储氚材料需要具备一定的固氦能力，即在放氚的同时不释放氦，将氦固定在金属或合金晶格间隙内。

目前主要的储氘（氚）材料有 U、ZrCo、La - Ni - Al 合金等。

（1）铀及铀合金。金属铀的储氢容量大，H/U 可达 3，在较低温度下（100～200℃）即能和氘（氚）发生反应生成氘（氚）化物，形成的氘（氚）化物在室温下具有极低的解离平衡压（约 10^{-3} Pa），从而不容易使氘（氚）泄漏，700 K 时适中的放氘（氚）压力（约 100 kPa）使其能够容易地释放出储存在金属内的氘（氚）。但 U 在使用时容易粉化，这是由于其形成氢化物后会产生约 75% 的体积膨胀，粉化后的金属 U 热导系数很低，在吸氢过程中不容易控制样品的温度，同时，金属 U 作为储氚材料也存在着老化问题。由于氚的衰变，会在金属 U 的晶格内积累衰变产物 ^{3}He。^{3}He 在晶格中的存在最终会使得金属 U 的结构发生变化，从而影响到 U 的吸放氚性能。为抑制 U 的粉化，目前常采用合金化的方法，在尽可能保留 U 优良的吸放氢特性前提下，减小形成氢化物产生的体积膨胀，如掺杂 Zr、Ti、Al 和 Mo 等均能减小 U 的粉化性能。

（2）ZrCo 合金。ZrCo 合金作为储氚（氢）材料表现出优异的储氢性能,吸氢量高(1.96 wt%),动力学特性好(100 s 内即可完成吸氢),室温下具有较低的吸氢平衡压(10^{-3}Pa),放氢平台压 0.1 MPa 时对应的放氢温度在 400℃左右,温度适中,且不容易自燃、没有放射性、操作安全、固氚能力优于金属 U,是替代 U 的最佳候选材料。然而,ZrCo 及其氢化物在较高温度(350℃～500℃)和氢压下会发生氢致歧化现象,生成歧化产物 ZrH_2 和 $ZrCo_2$,如式(5-16)、(5-17)所示。

$$2ZrCoH_3 \rightarrow ZrH_2 + ZrCo_2 + 2H_2 \qquad (5-15)$$

$$2ZrCo + H_2 \rightarrow ZrH_2 + ZrCo_2 \qquad (5-16)$$

ZrH_2 的分解温度(>700℃)比 ZrCo 氢化物高得多,$ZrCo_2$ 是 Zr-Co 二元体系中最稳定的一种金属间化合物,基本不与氢发生可逆吸/放氢反应,因此,歧化的发生会造成氢在 ZrCo 中显著滞留,致使 ZrCo 的储氢容量、吸/放氢动力学以及循环性能发生严重衰减,成为了 ZrCo 推广使用的最大障碍。ZrCo 的歧化主要是由氢原子在 $ZrCoH_3$ 晶格中的非等价占位引起的[38]。$ZrCoH_3$ 的四面体间隙根据氢原子的最近邻配位原子的不同可分为六类:$4c_1$、$4c_2$、$8f_1$、$8g_1$、$8f_2$、$8e$。由于 $8f_2$(13 Å)和 $8e$(18 Å)位的四面体间隙尺寸太小,导致氢原子无法同时稳定占据这两个位置(这两个位置的氢原子之间的 H-H 间距过短),因而,它们被称为氢原子的不稳定占据位。由于氢原子占据 $8f_2$ 和 $8e$ 后的 Zr-H 间距(～20 Å)要比 ZrH_2 本身的 Zr-H 间距(～24 Å)更小,因此,这部分氢原子更趋向于形成 ZrH_2 相,从而导致 ZrCo 的歧化。温度和起始氢压是影响 ZrCo 歧化速率和反应程度的主要因素。温度和氢压越高,则 ZrCo 歧化反应速率和程度越大。

实际应用中,必须对 ZrCo 进行改性以提高其抗歧化性能。通过添加合金元素改变间隙尺寸,从而改变氢的占位。掺杂的方式主要分 Zr 位掺杂和 Co 位掺杂,掺杂元素一般选取电子结构与 Zr 或 Co 类似的元素,例如,对 Zr 位掺杂的元素主要为同族元素 Ti 或 Hf,对 Co 位掺杂的元素主要为 Ni 或 Fe 等。目前,单独的元素替代法还不能完全避免 ZrCo 的歧化,需要考虑通过多种方法,如纳米化等手段协同作用来进一步改善 ZrCo 的抗歧化性能。

（3）La-Ni-Al 合金。AB_5 型 $LaNi_{5-x}Al_x$ 合金具有良好的储氚性能,已在美国 SRS(Savannah River Site)实验室得到了储氚实际应用,与传统的储氚材料 U 相比,具有独特的优点:①可通过调节 Al 含量获得合适的储氚平衡压;②容易活化,活化温度较低,活化后遇空气不易自燃;③抗毒化能力强;④合金在吸放氢循环过程中的抗歧化能力优良,产生的歧化产物 Ni 或者 Ni-Al 化合物的体积不超过 1 %;⑤固氚性能优异。储氚 8 年后,氚衰变产生的 ^{3}He 仍有 95%～98%保持在合金中[39]。

$LaNi_{5-x}Al_x$ 合金典型代表是 $LaNi_{4.25}Al_{0.75}$,其在室温下吸、放氚平台压分别为

2.6 kPa 和 1.4 kPa, 0.2 MPa 放氚压时对应的温度仅为 181℃[40], 且具有良好的吸氢动力学, 60 s 内就能完成吸氢。然而, 相对于金属 U, $LaNi_{4.25}Al_{0.75}$ 合金氚化物在室温下的离解压还较高。同时, 由于氚衰变产生 ^3He 滞留在晶格内, 导致晶格畸变, 引起材料吸放氚热力学特性变化, 表现为材料放氚等温线发生改变, 平台压力降低, 平台斜率增大, 可逆吸氚容量减少, 即产生氚踵。随老化时间延长会导致氚踵的逐渐形成及升高。

5.2.8 金属氢化物在氢气的分离、提纯与净化中的应用

金属氢化物能够分离、净化氢的原理是储氢合金对氢原子有特殊的亲和力, 对氢有选择性吸收作用, 而对其他气体杂质则有排斥作用。储氢合金粉对 Ar、N_2、CH_4、CO、CO_2、NH_4 等气体的吸附量很低, 例如, $LaNi_5$ 合金在室温和 1 MPa 压力时对这些气体的吸附量均小于 3 ml/g, 而相同条件下则能吸收约 170 ml/g 氢气, 利用合金的这一特性可有效从工业尾气中分离出氢气。此外, 工业普氢中通常含有 O_2、N_2、Ar、CH_4、CO、CO_2 和 H_2O 等杂质, 利用工业普氢制备高纯氢时, 氢被储氢合金吸收而杂质气体除极少数物理吸附于氢化物颗粒表面外, 绝大多数将浓缩于容器的死空间, 可将这部分杂质气体先排出。然后加热氢化物层, 先放出一部分纯氢进一步将杂质气排尽, 继而就可得到高纯氢。如果将得到的氢气再送到填充储氢合金的容器里, 反复进行多次精制后就会得到纯度极高的氢气。不过, 普氢中含 CO、CO_2 和 H_2O 时, 这些气体会吸附在储氢合金表面使合金中毒, 降低其吸氢能力, 需要通过加热、降压排气等手段使之再生。

分离、净化氢气用的储氢合金与储氢用的储氢合金要求一样, 需要储氢量大、易活化、反应迅速、耐毒化、抗粉化、成本低等。目前用于分离净化氢气的储氢合金有 $LaNi_5$、TiFe、$TiMn_{1.5}$、Mg 系等几大系列上千种合金, 耐毒化、抗粉化以及分离提纯后的氢气纯度因成分、结构不同而有所差异, 如 AB_5 型稀土储氢合金和 AB_3 型 La-Mg-Ni 基合金的氢分离净化性能对比, La-Mg-Ni 基合金的抗粉化性能优于 AB_5 型合金, 而耐毒化性能从大到小依次为 $LaNi_{3.7}Mn_{0.4}Al_{0.3}Fe_{0.4}Co_{0.2}$ > $La_{0.75}Mg_{0.25}Ni_{3.5}Co_{0.2}$ > $LaNi_5$ > $La_{0.67}Mg_{0.33}Ni_{2.5}Co_{0.5}$[41], 对应的分离出的氢气纯度分别为 90.7%、82.2%、76.3%、37.3%, 分离净化氢的性能与合金组分密切相关。

尽管金属氢化物分离净化氢的道理比较简单, 但在实际应用中, 要想取得良好的效果, 除了储氢合金要具有较好的性能外, 还依赖于很多技术因素, 如反应器的设计和操作工艺等。反应器必须具有良好的换热能力、耐压和真空密封、高效吹扫浓缩杂质气体的结构等。操作工艺方面, 在固定床静态条件下分离吸氢, 高浓度杂质对合金的吸氢能力和速度有显著影响, 合金容易钝化丧失吸氢能力, 同时会减缓

吸氢速率,而在气体流动态条件下分离回收则具有良好的稳定性[42]。

5.3 金属氢化物在其他方面的应用

金属氢化物由于某些独特的性能,除了上述的应用外,在其他方面也有一些应用或应用潜力,如化学工业中的催化剂和还原剂、氢气传感器、核反应堆中的中子慢化剂和屏蔽材料、变色薄膜材料、锂离子电池负极材料等,本节将对以上应用作一简要介绍。

5.3.1 金属氢化物作催化剂

储氢合金能够将表面吸附的氢分子解离成氢原子,表面具有很高的活性,因此可作为催化剂,特别是表面形成的富镍层是起催化作用的主要原因。目前,用作催化反应研究较多的储氢合金主要集中于 $LaCo_5$、$LaNi_5$ 或 $LaNi_5$ 中镍部分被 Al、Cu、Mn、Fe、Co 等取代的合金,主要是由于这类合金具有很好的吸放氢特性,其氢化物是良好的氢源,同时 Co、Ni 等本身又具有较好的催化活性。此外,还有 TiFe、TiRu、NiZr、NiZrLa、$TiFe_{0.9}Mn_{0.1}$、$CaNi_5$、Mg_2Cu 等。在使用 $LaNi_5$ 和 $LaNi_4M$(M=Mn、Fe、Co、Cu)合金作催化剂合成氨时,直接用未活化的合金并不可行,需要反复用氢在一定温度、一定压力下将合金多次活化处理生成 $LaNi_5H_6$ 和 $LaNi_4MH_x$ 后,才有明显的催化性能。在有机化合物的加氢反应中,金属氢化物不仅可以起催化作用,同时氢化物中以原子态溶解的氢具有很高的活性,能有效地氢化不饱和的化合物,兼具"氢源"的功能,对催化加氢起到了关键作用。在有机物加氢的多数情况下,金属氢化物兼具催化与氢源的作用。

金属氢化物作为催化剂主要用于合成氨、有机化合物的加氢、脱氢等反应中。如通过研究 36 种稀土-过渡金属型金属间化合物作为合成氨的催化剂,发现其中有 16 种对氨合成具有较高的催化活性,高于常用的 Fe 和 Fe_2O_3 的混合型催化剂[43]。系统地研究不饱和键的加氢反应,烯、炔、醛、酮、硝基化合物、腈、亚胺与 $LaNi_5H_x$ 反应,结果发现不饱和键几乎定量地转化为饱和键[44]。在有外部氢源时,有机化合物加氢反应多数情况是化合物首先与氢化物 AB_mH_n 中释放出的活泼氢反应,而不是与气相中的 H_2 反应。如油酸加氢成十八烷酸的反应中,在整个反应过程中,气相氢压力可保持不变[45]。

5.3.2 金属氢化物作还原剂

离子型金属氢化物如 LiH、NaH 和 CaH_2 都是强还原剂,常用它们还原金属氧化物以制取金属。离子型金属氢化物的还原机理是由于其含有还原性很强的 H^-,

络合金属氢化物的还原机理是由于 AlH_4^-、BH_4^- 等复合负离子具有亲核性,可向极性不饱和键(羟基、氰基等)中带正电的碳原子进攻,继而氢负离子转移至带正电荷的碳原子上形成络合物离子,与质子结合而完成加氢还原过程。例如,用 CaH_2 还原制备 Ti、V、Nb、Ta、Fe、Si、B、Cu 和 Sn 等。其优点是使用时操作方便,反应生成的 CaO、残留的氢化钙以及其他副产物都很容易用水或稀 HCl 溶液洗去。在有机合成工业中,络合金属氢化物是一类理想的还原剂,如 $LiAlH_4$、$NaAlH_4$、KBH_4、$NaBH_4$ 等,它们能够溶于某些有机溶剂,使有机物还原反应在常温常压下即可进行,使许多冗长而复杂的工艺变得迅速和简单,具有反应条件温和、副反应少以及产率高的优点。

$LiAlH_4$ 是一种几乎能还原所有有机官能团的极强还原剂,具有很强的氢转移能力,能够将醛、酮、酯、内酯、羧酸、酸酐和环氧化物还原为醇,或者将酰胺、亚胺离子、腈和脂肪族硝基化合物转换为对应的胺。此外,$LiAlH_4$ 超强的还原能力使其可以作用于其他官能团,如将卤代烷烃还原为烷烃,不过由于其含有锂而价格较贵,限制了它在一般化学工业中的广泛应用。$NaAlH_4$ 是很有希望得到广泛应用的络合金属氢化物还原剂,因为它具有与 $LiAlH_4$ 十分相似的还原性能,且它以廉价的钠代替了昂贵稀缺的锂,使生产成本降低,但由于其合成比 $LiAlH_4$ 较困难,致使目前还未进行规模化生产。$NaBH_4$ 价格便宜,在质子性溶剂中,它常被用来将醛酮还原成醇或者将亚胺或亚胺盐还原成氨基,能够将羰基、醛基选择还原成羟基,也可以将羧基还原为醛基,但一般难以还原羧酸、酯、酰胺和硝基,一般也不与碳碳双键、叁键发生反应,具有化学选择性。

5.3.3 金属氢化物用于氢气传感器

氢在运输及使用过程中容易泄露,存在安全隐患。为了保证氢的安全使用,实时有效的氢检测与氢传感是十分必要的,如在氢燃料电池车中的应用。氢气传感器在常温下对氢气非常敏感且具有很好的选择性,能够及时、有效检测环境中的氢气浓度。金属氢化物氢气传感器主要是利用金属或合金作为氢敏材料,当氢气与氢敏材料接触时,氢敏材料的表面结构、物理性能和化学性能将发生改变,通过检测这些信号的变化就能达到检测氢气浓度的目的,例如,使用钯膜作为氢敏材料的电阻型氢气传感器,当氢气与钯薄膜接触时,在钯薄膜的催化作用下,氢分子分解成两个氢原子,氢原子扩散至合金晶格内部,引起晶格膨胀与相变,造成合金薄膜电导率产生变化,通过检测电阻信号,可实现氢气浓度的测量。

目前,金属氢化物氢气传感器使用的氢敏材料多为钯或钯合金薄膜。钯对氢气具有选择性高、响应时间短的特性。当氢气被钯吸收时,氢原子首先被化学吸附于钯表面形成 Pd‐H 结构,之后氢原子将连续扩散到钯晶体结构中,出现 α 相和 β

相的 PdH_x。PdH_x 的形成过程是氢气传感器响应的重要因素。在氢气浓度较高时,纯钯薄膜会失去对氢气的气敏性能,并且容易发生氢脆现象,使薄膜脱落,因此,以纯钯作为氢气传感器的工作寿命及重复性等都不理想。合金化是改善这一问题的有效途径,目前钯合金氢敏材料主要有 Pd - Ag、Pd - Ni、Pd - Cr、Pd - Cu等。纳米化也是改善钯的氢敏性能的有效方法,通过纳米化能够显著提高钯的比表面积,不仅增加了钯与氢气的接触面积,而且缩短了氢在钯中的扩散路径,提高了钯的氢敏响应速度。不过,尺寸过小的钯纳米结构将会减弱其体积膨胀效应,可能反而会使氢传感的性能降低。

5.3.4　金属氢化物作为中子慢化剂和屏蔽材料

在核反应堆中,核燃料裂变释放的中子具有很高的能量和速度,称为快中子,必须使用慢化剂使其减速成为热中子后,才能有效使 ^{235}U 发生裂变并维持链式反应,因此,中子慢化剂是核反应堆中必不可少的物质,其慢化作用主要靠中子和慢化剂核发生散射碰撞而降低能量和速度。

慢化剂的慢化性能常用慢化能力和慢化比来评价,慢化能力是指中子和该慢化剂核碰撞的平均对数能降与慢化剂的宏观散射截面之乘积,慢化比是指宏观慢化能力与宏观吸收截面之比。理论上,质量最轻的氢元素是最有效的中子慢化剂,氢与高能中子碰撞后,被传给的能量最多,慢化快中子的效果最好,而金属氢化物每单位体积所含氢原子数比固态氢都高,所以它们特别适合应用于反应堆中子的慢化。优良的金属氢化物慢化剂必须具备两种性质:①对中子的吸收较少;②中子与它的核只要碰撞很少次数就能被减慢到所需的程度。

表 5 - 8 为部分金属氢化物的中子慢化性能[46],从表中可以看出,氢化锆和氢化钇具有较大的慢化比,是比较理想的中子慢化材料。氢化锆具有高的储氢密度和较小的中子吸收能力,同时具有负的温度反应系数,即当反应堆温度升高瞬时,其慢化效率随即下降,从而降低核裂变反应速度,大大提高了反应堆的安全性,已经在小型反应堆及液态金属冷却的热中子反应堆中付诸应用。作为中子慢化剂,氢化锆在实际使用时存在两个问题:①高温氢损失问题。反应堆的工作温度在650～750℃之间,在这个温度下,氢化锆的氢分解压远远高于一个大气压,氢化锆中的氢将很容易析出,使氢化锆中氢含量降低而使中子慢化能力减弱,最终丧失慢化性能。目前主要通过合金化降低氢平衡分解压和表面制备阻氢渗透层抑制分解的氢向外表面扩散两种方法来解决氢化锆的氢损失问题。②氢致裂纹问题。由于锆在氢化过程中随着氢含量的增加会发生晶格畸变和体积膨胀,同时伴随着相变的发生,生成脆性的 δ 相和 ε 相氢化锆,使材料的塑性降低,一旦超过材料的强度就会产生裂纹。裂纹的产生不仅会大大降低氢化锆的机械性能,而且会成为氢的

扩散通道,造成氢化锆在使用过程中大量失氢,慢化性能下降。控制锆相变阶段的氢化速率并使氢化均匀一致是解决裂纹产生的关键。

表5-8 部分金属氢化物的中子慢化性能[46]

氢化物	储氢密度		氢化物密度 (g/cm³)	慢化能力	慢化比
	10^{22}个氢原子/cm³	g H/cm³			
TiH₂	9.1	0.152	3.78	1.85	6.3
ZrH₂	7.3	0.122	5.56	1.45	55
LiH	5.8	0.095	0.78	1.2	3.5
YH₂	5.8	0.097	4.24	1.2	25
ThH₂	4.9	0.082	9.5	1.0	5.2
ThZr₂H₇	7.7	0.129	7.75	1.55	14
ThTi₂H₆	8.8	0.147	8.15	1.8	6

氢化钇具有相当高的氢密度,尽管略低于氢化锆的氢密度,但是氢化钇在高温下的稳定性更好,当温度高于900℃时,氢化钇才开始分解,氢含量随之降低,但此时氢化钇中的氢含量仍能保持稳定并高于氢化锆中的氢含量,这使得氢化钇的慢化能力强于氢化锆。同其他氢化物相比,氢化钇在850~1 150℃高温下仍能保持高的氢含量,从而维持良好的慢化能力,所以特别适用于高温反应堆。裂纹的存在也一直是块状氢化钇制备过程中的一个问题,目前已有报道能够在氢化时使用高纯金属钇并控制氢的压力和反应器温度实现大块、无裂纹的氢化钇的制备[46],制备的各种形状的氢化钇如图5-14所示。

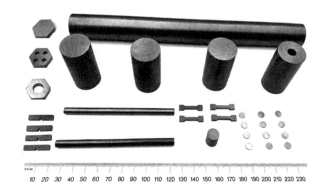

图5-14 不同形状及大小的氢化钇块状样品[46]

金属氢化物也是小型紧凑式核反应堆、空间核反应堆应用中的重要候选屏蔽材料。小型紧凑式核反应堆屏蔽体几乎是贴着核反应堆压力容器设置,因此,辐射屏蔽空间有限、环境温度高、辐照环境恶劣,如紧凑式聚变堆运行时中子屏蔽层的环境压力约为 0.1 MPa,温度介于室温到 400℃,小型钠冷快堆运行时屏蔽层压力约为 0.1 MPa,温度可达 500℃,空间探索的小型模块化核反应堆运行时屏蔽层的温度可达 440℃,导致传统中子屏蔽材料,如不锈钢、聚乙烯、含硼石墨、碳化硼等由于质量重、体积大、不耐高温等缺点,难以满足辐射屏蔽要求,而一些含氢密度高的金属氢化物具有中子屏蔽能力强、高温环境热稳定性好的特点,可以有效减少中子屏蔽体质量和体积,是一类重要的屏蔽材料。

氢化锂、氢化钛、氢化锆是目前主要研究的屏蔽材料。氢化锂、氢化锆在800℃的氢分解压力低于 0.1 MPa,氢化钛在 600℃的氢分解压力低于 0.1 MPa,能够适应紧凑式核反应堆屏蔽体的高温应用环境[47]。大多数研究表明,氢化锂、氢化锆、氢化钛的中子屏蔽效率明显优于传统的中子屏蔽材料,而屏蔽层体积和质量的减少效果则取决于中子源的实际情况;将氢化锂、氢化锆、氢化钛与碳化硼、碳钢等材料配合使用,其屏蔽效果优于单独使用金属氢化物作为屏蔽材料的效果。但是,中子屏蔽材料的选择不仅要考虑材料的辐射屏蔽能力,还需要考虑材料在使用时的安全与稳定性,因小型模块化核反应堆的屏蔽层所处的辐射环境相对复杂恶劣,所以金属氢化物材料的辐照稳定性是影响其能否成为屏蔽材料的关键因素。氢化锂在辐照条件下存在肿胀现象,目前仍然是个难题,辐照肿胀会导致氢化锂屏蔽体的断裂,缩短氢化锂的使用寿命,影响氢化锂的屏蔽效果。采取铸造或冷压＋烧结工艺制作氢化锂屏蔽体、减少氢化锂屏蔽体中的杂质(LiOH)含量等措施都能有效减少氢化锂屏蔽体的辐射肿胀现象。氢化锆的辐射肿胀程度在不同 H/Zr 比值、不同温度、不同中子注量率的情况下存在明显差异,δ-氢化锆辐照肿胀情况明显优于 ε-氢化锆,但 δ-氢化锆的氢密度低于 ε-氢化锆,其中子屏蔽效率相对低,选择何种相的氢化锆作为屏蔽材料,需要根据实际工程应用需求进行选择。

5.3.5 金属氢化物变色薄膜材料

金属氢化物变色薄膜材料,一般为变色金属(或合金)层和催化剂层组成的复合薄膜结构,其变色原理是氢气在催化剂的作用下,变为具有活性的氢原子,与变色层金属结合,生成较大禁带的金属氢化物,由于金属态的薄膜具有较高的光反射率,而金属氢化物薄膜具有较高光透过率,变色层由反射态向透明态转变,而当材料表面氢气分压减少时,氢原子又脱离变色层,发生逆向反应,由透明态恢复到反射态,从而实现薄膜对光透射率的调节作用。该类材料可用作智能窗镀膜,用以改善和调节光线的入射,起到隔热保温节能作用。

第一代金属氢化物变色材料以钇、镧及其他稀土金属的氢化物为代表,这些金属在氢化过程中具有变色效应,但这些材料与氢气反应缓慢且不稳定,需要在表面镀一层催化材料如钯,以实现金属态到透明体的可逆变换。同时,钇和镧等稀土金属的氢化物本身透过率不高,金属态时反射率也相对第二、三代低,这就限制了薄膜的光学透过率调节范围。另外,薄膜变色速度较慢,变色适用的光波长范围也比较窄,钇和镧等稀土金属也容易氧化、稳定性差,限制了他们的应用。

第二代金属氢化物变色材料主要为稀土-镁的金属氢化物。稀土金属(Y 或 La 等)里掺入镁,可有效提高第一代变色材料在高氢态的透过率,并使可透过光的波长范围变大。然而,第二代金属氢化物变色材料由于使用稀土金属等原料,成本较高。

第三代金属氢化物变色材料为镁-过渡金属(Ni、Co、Mn、Fe、Ti)型氢化物,相对第一、第二代金色材料有着明显的优势:具有较大的光学透过率可调节范围、可调节光的波长范围大、成本低、镍相对于稀土金属不易氧化等。这类变色材料的变色性能依赖于合金组分的比例,不同配比的 Mg - Ni 合金薄膜具有不同的变色效果。除了组分的比例,该类材料的变色性能还受以下几个因素影响:①催化层。没有催化层覆盖的 Mg - Ni 薄膜,变色非常缓慢,且其氢化不完全,易被氧化,而覆盖有几纳米厚催化薄膜后,变色速度明显提高,且薄膜不易被氧化,但催化层的存在,也降低了薄膜的透过率。②热处理。经过热处理的 $MgNi_x$ 合金薄膜,在 $0.1 < x < 0.3$ 时,具有良好的变色性能,而在这个范围之外,薄膜在高氢态的光透过率很小,相应变色性能较差。③热扩散。Mg - Ni 合金层与催化层之间的热扩散,使得薄膜变色效果随变色循环进行的次数增加而减弱,薄膜被钝化。④环境温度。薄膜在室温下脱氢相对比较缓慢,需要使用加热过的空气。

第四代金属氢化物变色材料为镁-碱土金属(Ca、Ba、Sr)型氢化物,该类材料的变色性能也依赖于合金组分间的比例,如 $MgCa_x$ 只有在 $0.035 < x < 0.075$ 范围才具有良好的变色性能。

目前已研发到了第五代变色薄膜材料,即 $Mg - TiO_2$ 复合薄膜。TiO_2 能够催化 Mg 和氢的反应,能够显著提高 Mg 的吸放氢动力学,因而 $Mg - TiO_2$ 复合薄膜具有良好的变色性能。

5.3.6 金属氢化物在锂离子电池负极材料中的应用

商业化的锂离子电池负极材料为石墨类碳材料,在储锂过程中形成插层化合物 LiC_6 结构,储锂容量低(理论容量 372 mAh/g),已经不能满足于新型锂离子电池的发展要求。2008 年,Oumellal 等[48]首次研究了 MgH_2、$LaNi_5H_6$、TiH_2 等典型的金属氢化物作为锂离子电池负极材料,其中 MgH_2 在对锂电位平台为 0.5 V 时,表现出了 1 480 mAh/g 的高可逆比容量,且电压滞后效应很小。这一发现搭建了储氢材料与锂离子电池负极材料间的桥梁,具有重大意义。

金属氢化物作为锂离子电池负极材料,其储锂机理与石墨类材料的插层机理不同,具体反应机理如下:

$$MH_x + xLi^+ + xe^- \leftrightarrow M + xLiH \tag{5-17}$$

在电化学储锂过程中发生了多电子参与的氧化还原反应,属于一种转换反应机理。

MgH_2 的理论储锂容量可达到 2 038 mAh/g,在实际电化学锂化过程中表现出 1 480 mAh/g 的可逆高比容量,具有适合负极材料工作的平均对锂电位平台(0.5 V vs. Li^+/Li^0)和相对转换反应材料来说最小的充放电电压滞后现象(<0.25 V)。电化学锂化时,MgH_2 先脱去氢转化为金属镁团簇结构,生成了一种嵌入 LiH 基体中的含镁组分,生成物可以在充电过程中重新转变成 MgH_2,在此反应过程中,MgH_2 发生了可逆的氧化还原反应。

不仅仅是 MgH_2,还有许多其他的金属氢化物和金属间化合物的氢化物也具有类似的对锂性质。研究人员研究了从配位氢化物 $LiBH_4$ 到镁基储氢合金的氢化物 MgH_2、Mg_2NiH_4、Mg_2CoH_5、Mg_2FeH_6 以及 AB_5 型合金。其中 AB_5 型储氢合金 $LaNi_4Mn$ 的氢化物在电位 0.5 V 时具有非常平稳的电压平台,且具有较高的比容量(340 mAh/g)。

然而,基于转化反应的储锂机制存在着动力学迟缓,可逆性差,循环寿命短等弊端,如 MgH_2 存在循环容量衰减严重的问题,给该类材料用作锂离子电池负极材料的商业化带来了挑战,现有的研究目标重点在于解决脱锂反应时电极体积变化而造成的影响以及 LiH 较差的导电性问题。

金属氢化物除了可以直接作锂离子电池的负极材料外,还可以与现有石墨材料复合来增强石墨的储锂性能。传统观点认为金属氢化物在储锂过程中 H 与 Li^+ 只能按照 1:1 的比例形成 LiH,但最近研究人员在稀土氢化物 REH_3(RE=Y,La,Gd)-石墨的复合体系中发现[49],通过与石墨的协同作用,H/Li^+ 的比例可以达到 1:5,实验表明 REH_3 的加入可使复合体系的比容量达到 800 mAh/g,并具有非常好的循环性能。活泼 H 在插 Li 过程中作为负电中心,降低插 Li 后体系的能量,负极的嵌 Li 结构不再是石墨的 LiC_6,而是形成了 $Li_5C_{16}H$,因此氢化物改性可极大地提高石墨的储锂能力。

本 章 例 题

例题 5 - 1 使用 316L 不锈钢制造圆柱形金属氢化物反应器,罐体的结构参数如图 5 - 15 所示,并填充 Mg_2NiH_4 粉末进行放氢实验。已知 316 L 不锈钢的密度为 7 850 kg/m³,Mg_2NiH_4 密度为 3 320 kg/m³,粉末床孔隙率为 0.5,Mg_2NiH_4 理论储氢量为 3.6 wt.%,π 取 3.14,试计算反应器储氢的质量密度。

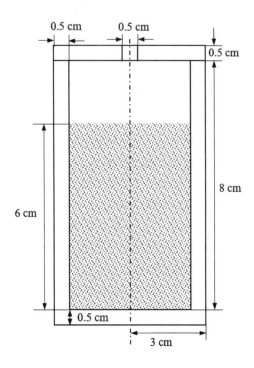

図 5-15 镁基储氢罐结构示意图

解:粉末床体积:

$$V_{bed} = 3.14 \times (3-0.5)^2 \times 6 = 117.75 \text{ cm}^3$$

Mg_2NiH_4 粉末质量:

$$M_{MH} = \varepsilon V_{bed} \rho_{MH} = 0.5 \times 117.75 \times 3\ 320 \times 10^{-3} = 195.47 \text{ g}$$

储存氢气质量:

$$M_{H_2} = M_{MH} \times 3.6 \text{wt.}\% = 195.47 \times 0.036 = 7.04 \text{ g}$$

316L 外壳体积:

$$V_{316L} = 3.14 \times \left[3^2 \times 0.5 + \left[3^2 - (3-0.5)^2\right] \times 8 + (3^2 - 0.5^2) \times 0.5\right] = 96.95 \text{ cm}^3$$

316L 外壳质量:

$$M_{316L} = \rho_{316L} V_{316L} = 7\ 850 \times 10^{-3} \times 96.95 = 761.06 \text{ g}$$

因此,反应器的质量密度为:

$$\frac{M_{H_2}}{M_{316L} + M_{MH}} = \frac{7.04}{761.06 + 195.47} \times 100\% = 0.74 \text{ wt.}\%$$

例题 5-2 镍氢电池的实际容量由正极限制,负极容量一般设计过剩,以保证过充电时正极产生的氧气可以到负极反应,电池的内压不会有明显升高。现设计一种 AA 型镍氢电池,标称容量为 2 200 mAh,正极使用容量为 250 mAh/g 的

Ni(OH)$_2$ 材料,负极使用容量为 320 mAh/g 的储氢合金粉,设计负极容量过剩 20%,试计算每节电池分别需要多少克正、负极材料。

解:由设计镍氢电池的标称容量为 2 200 mAh 可知:

1 节电池所需正极材料重量为:2 200/250 =8.8(g)。

由于负极材料容量过剩 20%,所以负极材料容量为:2 200/0.8 =2 750 mAh。

1 节电池所需储氢合金负极材料重量为:2 750/320 =8.6(g)。

例题 5 - 3 已知某种储氢材料在放氢时的焓变值 $\Delta H = -23.0$ kJ/mol,熵变值 $\Delta S = -85.4$ J/(mol·K),试计算合金在 100℃的放氢平衡压,其中气体常数 $R = 8.314$ J/(mol·K)。

解:根据 van't Hoff 方程 $\ln P = \dfrac{\Delta H}{RT} - \dfrac{\Delta S}{R}$ 可知:

合金在 100℃时,$\ln P = 2.86$。

因此,$P = 17.5$(atm) = 1.75 MPa。

本 章 习 题

1. 分类并总结金属氢化物反应器常用传热强化方式及其如何影响反应器的内部传热。

2. 在小型镍氢电池中得到实际应用的储氢材料有哪些,并简述小型镍氢电池对储氢材料的主要要求。

3. 镍氢电池在设计时常用 N/P 比来表示正负极材料的质量比。现设计一种标称容量为 2 700 mAh 的镍氢电池,正极使用容量 250 mAh/g 的球镍材料、N/P 比为 1.2,试求每节镍氢电池需要的正极材料和负极材料的质量。

4. 假设某种储氢合金在 20、30、40℃时的放氢平衡压分别为 2.76、3.76、5.05 MPa,试计算合金的放氢焓变值 ΔH 和熵变值 ΔS。

参考文献

[1] Dunlop J D, Earl M W, Ommering G V. Low pressure nickel hydrogen cell [P]. Patent US3850694. US, 1974.

[2] Willems JJG. Metal hydride electrodes stability of LaNi$_5$-related compounds [J]. Philips Journal of Research, 1984, 39(1): 1 - 91.

[3] Kadir K, Sakai T, Uehara I. Synthesis and structure determination of a new series of hydrogen storage alloys: RMg$_2$Ni$_9$(R=La, Ce, Pr, Nd, Sm and Gd) built from MgNi$_2$ Laves-type alternating with AB$_5$ layers [J]. Journal of Alloys and Compounds, 1997, 257(1): 115 -121.

［4］ Yan H Z，Xiong W，Wang L，et al. Investigations on AB_3-，A_2B_7- and $A_5B_{19}-$ type La-Y-Ni system hydrogen storage alloys ［J］. International Journal of Hydrogen Energy，2017，42(4)：2257－2264.

［5］ Xiong W，Yan H Z，Wang L，et al. Characteristics of A_2B_7-type La-Y-Ni-based hydrogen storage alloys modified by partially substituting Ni with Mn ［J］. International Journal of Hydrogen Energy，2017，42(15)：10131－10141.

［6］ Xiong W，Yan H Z，Wang L，et al. Effects of annealing temperature on the structure and properties of the $LaY_2Ni_{10}Mn_{0.5}$ hydrogen storage alloy ［J］. International Journal of Hydrogen Energy，2017，42(22)：15319－15327.

［7］ 刘小芳，杨丽，张晓雨. 稀土储氢合金未来能否迎来新的发展与突破 ［J］. 稀土信息，2018(7)：30－32.

［8］ 高金良. 2019 年储氢材料分会工作及储氢产业现状 ［C］. 中国稀土行业协会储氢材料分会 2019 年分会. 2019.

［9］ 王雨潇，任慧平，皇甫益. 镍氢电池在电动汽车上的发展 ［J］. 包钢科技，2019，45(1)：95－98.

［10］ 蒋志军，许涛，郭咏梅. 电容型镍氢动力电池的应用现状与发展前景 ［J］. 稀土信息，2018(1)：8－12.

［11］ 周超，王辉，欧阳柳章，等. 高压复合储氢罐用储氢材料的研究进展 ［J］. 材料导报（A），2019，33(1)：117－126.

［12］ 王兆斌. 固态高压混合储氢装置 ［P］. 中国发明专利，CN201510178088.0.

［13］ 欧阳柳章，曹志杰. 复合储氢系统用高压储氢合金 ［J］. 机电工程技术，2017，46(2)：1－7.

［14］ 张丽，陈硕翼. 风电制氢技术国内外发展现状及对策建议 ［J］. 科技中国，2020(1)：13－16.

［15］ 李丽旻. 风电制氢前景待考 ［N］. 中国能源报，2019，9.

［16］ 刘晓鹏，蒋利军，陈立新. 金属氢化物储氢装置研究 ［J］. 中国材料进展，2009，28(5)：34－37.

［17］ 叶建华，李志念，蒋利军，等. 一种带有螺旋结构的金属氢化物储氢罐 ［P］. 中国发明专利，CN201711172735.2,2018.

［18］ 郭秀梅，叶建华，李志念，等. 一种吸氢低应变金属氢化物储氢罐 ［P］. 中国发明专利，CN201510706560.3,2016.

［19］ 胡子龙，贮氢材料 ［M］. 北京：化学工业出版社，2002.

［20］ Lototskyy M V，Yartys V A，Pollet B G，et al. Metal hydride hydrogen compressors：A review ［J］. International Journal of Hydrogen Energy，2014，39：5818－5851.

［21］ Bowman J R C，Karlmann P B，Bard S. Post-flight analysis of a 10 K sorption cryocooler ［J］. Advances in Cryogenic Engineering，1998，43：1017－1024.

［22］ Pearson D，Bowman R，Prina M，et al. The Planck sorption cooler：using metal hydrides to produce 20K [J]. Journal of Alloys and Compounds, 2007, 446－447：718－722.

[23] Morgante G, Pearson D, Melot F, et al. Cryogenic characterization of the Planck sorption cooler system flight model [J]. Journal of Instrumentation, 2009, 4：T12016.

[24] Li H, Wang X H, Dong Z H, et al. A study on 70 MPa metal hydride hydrogen compressor [J]. Journal of Alloys and Compounds, 2010, 502：503－507.

[25] 周承商, 刘煌, 刘咏, 等. 金属氢化物热能储存及其研究进展 [J]. 粉末冶金材料科学与工程, 2019, 24(5)：391－399.

[26] Kawamura M, Ono S, Mizuno Y. Experimental studies on the behaviours of hydride heat storage system [J]. Energy Conversion and Management, 1982, 22(2)：95－102.

[27] Groll M, Isselhorst A, Wierse M. Metal hydride devices for environmentally clean energy technology [J]. International Journal of Hydrogen Energy, 1994, 19(6)：507－515.

[28] Bogdanovic B, Ritter A, Spliethoff B, et al. A process steam generator based on the high temperature magnesium hydride/magnesium heat storage system [J]. International Journal of Hydrogen Energy, 1995, 20(10)：811－822.

[29] Harries D N. A novel thermochemical energy storage technology [M]. EcoGen 2010 conference, Sydney, Australia, 2010.

[30] Ronnebro E, Whyatt G, Powell M, et al. Metal hydrides for high-temperature power generation [J]. Energies, 2015, 8(8)：8406－8430.

[31] Urbanczyk R, Peinecke K, Peil S, et al. Development of a heat storage demonstration unit on the basis of Mg_2FeH_6 as heat storage material and molten salt as heat transfer media [J]. International Journal of Hydrogen Energy, 2017, 42(19)：13818－13826.

[32] Li Y, Li P, Qu X. Investigation on $LiBH_4$－CaH_2 composite and its potential for thermal energy storage[J]. Scientific reports, 2017, 7：41754.

[33] Wan Q, Jiang L J, Li Z N, et al. Thermal storage properties of Mg-LaNi using as a solar heat storage material [J]. Rare Metals, 2017, 1－8.

[34] 倪久建, 杨涛, 陈江平, 等. 金属氢化物热泵和空调 [J]. 太阳能学报, 2006, 27(3)：314－320.

[35] 李刚, 刘华军, 李来风, 等. 金属氢化物热泵空调研究进展 [J]. 制冷学报, 2005, 2：1－7.

[36] Aldridge F T. Gas chromatographic separation of hydrogen isotopes using metal hydrides [J]. Journal of the Less Common Metals, 1985, 108 (1)：131－150.

[37] 刘宾虹, 陈长聘, 王启东. 金属氢化物分离氢同位素 [J]. 材料科学与工程, 1993, 11(2)：32－36.

[38] Bekris N, Sirch M. On the mechanism of the disproportionate of ZrCo hydrides [J]. Fusion Science and Technology, 2012, 62(1)：50－55.

[39] Nobile A, Wermer J R, Walters R T. Aging effects in palladium and $LaNi_{4.25}Al_{0.75}$ tritides [J]. Fusion Science and Technology, 1992, 21：769－774.

[40] Wang W D, Long X G, Cheng G J, et al. Tritium absorption-desorption characteristics of

LaNi$_{4.25}$Al$_{0.75}$[J]. Journal of Alloys and Compounds, 2007, 441: 359 -363.

[41] Guo S H, Wang G Q, Zhao D L, et al. Study on Hydrogen in Mixed Gas Separated by Rare Earth Hydrogen Storage Alloys [J]. Rare Metal Materials and Engineering, 2011, 40(2): 189 - 194.

[42] 陈长聘, 王启东, 吴京. 金属氢化物法分离与回收含氢气流中氢的研究 [J]. 化学工程, 1987, (5): 64 - 69.

[43] Takeshita T, Wallace W E, Craig R S. Rear earth intermetallics as synthetic ammonia catalysts [J]. Journal of Catalysis, 1976, 44: 236 - 243.

[44] Tsuneo I, Takeshi M, Masataka Y. Reduction of organic compounds with rare earth intermetallic compounds containing absorbed hydrogen [J]. The Journal of Organic Chemistry, 1987, 52: 5695 - 5699.

[45] Zhu G M, Lei Y Q, Wang Q D, et al. A tubular reactor for continuous hydrogenation of oleic acid under moderate conditions using a thin hydride layer of hydrogen storage alloy LaNi$_{4.8}$Cu$_{0.2}$ as catalyst [J]. Journal of Alloys and Compounds, 1997, 253 - 254: 689 - 691.

[46] Hu X X, Schappel D, Silva C M, et al. Fabrication of yttrium hydride for high-temperature moderator application [J]. Journal of Nuclear Materials, 2020, 539: 152335.

[47] 王毅, 张强, 王事喜, 等. 金属氢化物在小型钠冷快堆屏蔽设计中的应用 [J]. 原子能科学技术, 2016, 50(10): 1817 - 1822.

[48] Oumellal Y, Rougier A, Nazri G A, et al. Metal hydrides for lithium-ion batteries [J]. Nature Material, 2008, 7(11): 916 - 921.

[49] Zheng X Y, Yang C K, Chang X H, et al. Synergism of Rare Earth Trihydrides and Graphite in Lithium Storage: Evidence of Hydrogen-Enhanced Lithiation [J]. Advanced Materials, 2018, 30(3): 1704353.